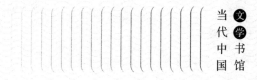

文学书馆
当代中国

你只是看起来很努力

骆　宾　编著

中国文联出版社

图书在版编目（CIP）数据

你只是看起来很努力 / 骆宾编著 . -- 北京：中国
文联出版社，2018.3（2023.3 重印）
ISBN 978 - 7 - 5190 - 3528 - 0

Ⅰ.①你… Ⅱ.①骆… Ⅲ.①成功心理—通俗读物
Ⅳ.①B848.4 - 49

中国版本图书馆 CIP 数据核字（2018）第 039615 号

编　　著　骆　宾
责任编辑　刘利平
责任校对　李海慧
装帧设计　中联华文

出版发行　中国文联出版社有限公司
地　　址　北京市朝阳区农展馆南里 10 号　　邮编　100125
电　　话　010 - 85923025（发行部）　　　85923091（总编室）
经　　销　全国新华书店等
印　　刷　三河市华东印刷有限公司

开　　本　880 毫米×1230 毫米　　1/32
印　　张　8
字　　数　170 千字
版　　次　2023 年 3 月第 1 版第 3 次印刷
定　　价　78.00 元

目 录

Part 2

努力不蛮干，方法对才能做对事

你只是看起来很努力

目录

Part 3

别在该吃苦的年纪，选择安逸

Part 4

努力要脚踏实地，不能好高骛远

你只是看起来很努力

Part 5

消极拖延，是对生命最大的辜负

你只是看起来很努力

Part 1

奋斗要有方向，否则就是作秀

人们往往认定或觉得喜欢的事情，就值得去做。但事实上，受自己的素质、能力和环境等因素的影响，有时连自己都不相信的机遇，会使你眼前一亮：似乎条条大路通罗马。人生重要的不是所站的位置，而是所朝的方向。你的过去怎样并不重要，如果你将来想过得更好，那就从现在开始清楚地认识自己、了解职业和把握思路；在竞技场上争取机会，寻求突破；否则，所有的努力都是作秀。

有能力设定目标，有热情追求目标

人的一生是自我塑造的一生，有的人形象高大完美，有的人渺小卑琐。同样是学识丰富，有的人是学界泰斗，文坛巨匠，有的人却学无所成，甚至一生碌碌无为；同样是德行高尚，有的人功高万代，彪炳千秋，有的人却只立下了一时的功德。同样，具有顽强的意志，有的人光耀千古，有的人却遗臭万年。奥妙是什么？奥妙就在于是否设定了人生目标。

没有具体明确的目标，你终将一事无成。

曾经有两名瓦匠，在炎炎烈日下，同样辛苦地砌筑着一堵墙，一名路人走过，问他们："你们在干什么？"

"我们在砌砖。"一个人答道。

"我们在修建一座美丽的剧院。"他的同伴回答。

以后，很久以后—将自己的工作看作砌砖的瓦工砌了一辈子的砖；而他的同伴则成了一名颇具实力的建筑师，承建了许多美丽的剧院。

策划你的事业，就像艺术家雕刻一样，先要在你的头脑中看到一个形象，看到一种精神，看到理想中事业成功的你，然后再拟定步骤，动手实现。正如一位哲人所说："最蹩脚的建筑师从一开始就比最灵巧的蜜蜂高明的地方，是他在用蜂蜡建筑蜂房之前，就已经在头脑中把它建成了。"

这种对自己的未来进行设计、规划的过程就是事业目标策划的过程。

每个人都有欲望和梦想，但大多数人没有明确、具体的人生目标，这便是成功和幸福总是钟情于少数人的重要原因之一。人生的胜者占总数的 1% 抑或更少，但都有一个明显的特征，就是对生活和奋斗有鲜明的方向，即由欲望和梦想演化而成的行动目标。

欲望和梦想在没有化成明确、具体的奋斗目标之前，是比较模糊的、不确定的、短时间的。只有将欲望、梦想化成人生中明确且具体的目标，才有基础走向成功与卓越。

目标不但使我们的行动有依据，人生有意义，还能激发我们的斗志，发掘我们的潜能。

在人生的前方设定一个目标，不仅是一个理想，同时也是一个约束。就像跳高，只有设定一个高度目标，才能跳出好成绩来。

成功者，他们有目标也有行动。知道自己所要的是什么，也知道在哪里可以得到它。他们确立目标，同时又决定通往那个目标必须走的路。

目标的达到或者成功，也可定义为有价值的前进的具体表现。

"人"的基本行动系统，在"设计阶段"就被确定为"目标探求型"的系统。它的基本部分似乎与自动诱导鱼雷系统或自动操纵装置系统相似。例如，一旦确立了目标，自动推进系统就自动跟踪目标地区的反馈信号，随时调整和修正航海诱导计算机设定的路线，决定击中目标前一切必要的即时行动。

如果计算机的软件不完备，目标不固定，监视雷达的覆盖范围与射程的最大距离不一致，那么配有再先进的自动诱导装置的鱼雷或推进系统都可能会出现故障，甚至自行毁坏。

人世间各式各样的"人"的系统也有同样机能、同样特征。当目标设定以后，人的"自我动机确立系统"立即开始"监视"与目标有关的反馈信号，并下意识地对"自动机"装置里的"自我形象"进行修正，同时下达实现目标所需要的各种"决定"。如果制订计划的意图含糊不清，或者选定的目标过于脱离实际，那么"人"的系统就会寻来找去，徘徊不定，白白消耗自己，甚至自我灭亡。

胜者具有明确的人生目标，失败者相反。失败者的目标似是而非，总在徘徊，极端者甚至自我毁灭。

爱迪生是世界著名的科学家、发明家，他的全部发明多得简直叫人难以相信。1928年，美国国会颁发给他一枚金质奖章，估计他的发明对人类的贡献约值56亿美元。这些发明对我们今天的价值实在太大了，根本无从估计。

爱迪生的全部在校教育总共只有3个月的时间，在校期间，他的小学老师曾说他是一个只会做白日梦的少年，断言他的一生绝不会有什么成就。

然而，爱迪生却成功了。他的秘密在哪里？

其中之一是，他具有设定目标的能力和追求目标的热情。一旦设定一个目标之后，他便让他的生活去全力配合那个目标，使它成为他的生命。因此，他把生命献给他的目标，并从目标获得生命，直到——假如可以搬弄词句的话——"空气中发出了电的火花"。

他竭尽全力去阅读跟他的计划有关的书籍——读了一本又一本，读完了再买。

等他读的书使他足以从事实验之后，他才在他的实验室开始工作。接着他不分昼夜地工作，往往在清晨8点钟进入实验室，不到次日凌晨两三点钟不肯罢手。他的注意力总是十分敏锐确切，连一个动作也不会浪费。他从事过数以百计的实验工作，选取和抛弃实验模型，承受不可避免的失败，但他勇往直前，不达目的决不罢休。

爱迪生有明确的目标，并且是经过审慎的选择。他对目标专注并倾以全部热情，加上丰富的想象和智慧，使他成为人类历史上伟大的发明家之一。

维克多·弗兰克尔用事实最贴切地说明了"人不能没有目标地活着"的道理。

第二次世界大战期间，在越南行医的精神医科专家弗兰克尔不幸被俘，后来被投入到纳粹的集中营。3年中他所经历的极其可怕的集中营生活使他悟出了一个道理——人是为寻求意义而活着。他和他的伙伴们被剥夺了一切——家庭、职业、财产、衣服、健康甚至人格。他不断地观察着丧失了一切的人们，同时思考着"人活着的目的"这个"老生常谈"的话题。他曾几次险遭毒气和其他惨杀，然而他仍然不懈地客观地观察着、研究着集中营的看守与囚犯双方的行为。据此他撰写了《夜与雾》一书。

可以说，弗兰克尔极其真实、有力、生动的论据和论点，对于世界上一切研究人的行为的权威学者来说，都是极有价值的。他的理论是在长期的客观观察中产生的。他观察的对象是那些每日每时都可能面临死亡，即所谓失去生活的人们。在亲身体验的囚徒生活中，他还发觉了弗洛伊德的谬误，并且反驳了他。

　　弗洛伊德说："人只在健康的时候，态度和行为才千差万别。而当人们争夺食物的时候，他们就露出了动物的本能，所以行为变得几乎无法区别。"

　　而弗兰克尔却说："在集中营中我所见到的人，完全与之相反。虽然所有的囚犯被抛入完全相同的环境，有的人消沉颓废下去，有的人却如同圣人一般越站越高。"他还从实际中悟到，"当一个人确信自己存在的价值时，什么样的饥饿和拷打都能忍受"。而那些没有目的活着的人，都早早地毫无抵抗地死掉了。

　　据说，从奥斯维辛集中营活下来的人不到1/20，他们差不多无一例外都是深知生命积极意义的人。他们顽强地活下来的原因就是因为他们心里存着明确的目的——"要做的事情还没有做完"；期待"活着与爱着的人重逢"。

　　在那充斥死亡意味的集中营里，弗兰克尔的一位好友曾对他说："我对人生没有什么期待了。"弗兰克尔否定了这位朋友的悲观人生态度，并鼓励他说："不是你向人生期待什么，而是生命期待着你！什么是生命？它对每个人来说，是一种追求，是对自己生命的贡献。当然，怎样做才能有所贡献，自己的追求是什么，每个人都不一样。而怎么回答这些问题是我们每个人自己的事情。"

　　人生的目标——应战的擂台，它能给你摆脱逆境和恶斗力量的特效药。

　　"有生命的地方就有希望。"

　　"有希望的地方就有梦想。"

　　"有了清楚的梦想，加上反复的充实与描画，梦想就能变成目标。"对胜者来说，目标经过细致的研究，就可看成行动的计划。成功者认为，当目标完全融入自己的人生时，目标的达到就只剩下时间问题了。

你为自己的人生设立了什么目标呢？

平平安安地过日子是大部分人生活的目标。对此，只需付出每天过日子的必要精力就足够了。这种没目标的日子，不过是以看看电视打发时光，每晚在悲喜剧、推理侦探故事、怪奇影片等电视世界中游逛。夜幕一降临，他们就习惯成自然地坐到电视机旁，无动于衷地望着一个个画面。殊不知电视明星们正是瞄中了这些人而实现了自己的人生目标。

人本身的特点决定了：无论你的愿望是什么，你只要希望成为什么样的人，就会无意识地、不自觉地朝实现愿望的方向运动。对于嗜酒人来说，他的愿望是再来一杯酒；对于吸毒者来说，他的愿望是一小包"白面儿"；而对于冲浪运动员来说，他的愿望则是冲击下一个波浪。离婚、破产、疾病等，虽然是对人生的否定，是因为你对生活采取了消极的态度，但归根结底，它们也属实现目标的范畴之内。

要走自己的路本身没有错，关键是怎样走

有一次，一位记者为了描述有关劳工的报道，特别在大清早去采访了一位"清道夫"。记者单刀直入地说明来意，"清道夫"却感到工作受到打扰而有些不耐烦。记者问了一些基本资料之后，突然问了一个问题："先生，您为什么要扫马路呢，

为什么要做这样的工作呢？""清道夫"回答："废话，这当然是为了赚钱嘛。"记者又问："那，那为什么要赚钱呢？""清道夫"这个时候就不耐烦地说："这当然是为了吃饭嘛。"于是这个记者又再问："那为什么要吃饭呢？"这"清道夫"就生气地说："啊呀！您真笨呀！吃饭是为了生活下去嘛。"记者马上就又问："那您为什么要生活呢？""清道夫"愣了一下，口里却毫不放松地说："这……这……这当然是为了扫马路啊。"

每个人都在追求成功，但很少有人追问，为什么要追求成功，如何追求成功。

记得有一次我参加一个特别的考试，题目很多，有100道选择题。而在这个题目之前，却有一大串的说明，当然聪明的我才不会听从那些什么"请先看完题目，再开始做"的废话，我以最快的速度答了前面30题，自己觉得很有把握，"这题目不难嘛"，而且我有信心考高分。但在这个时候，居然有一个人交卷了，而且表情诡异，在场的另外几十个人不禁诧异，题目再简单也没道理这么快交卷啊！然而每个人只是短暂地一瞥，就继续作答了。50题、51题……70题、71题……80题，当我做到第80题的时候，我震惊而且错愕，因为它的题目如下：

"本题是说明题，请您在试卷右下角签上您的大名，本试卷只要做本题即可，其他题目请勿作答。"

我的天啊！我非常困惑。显然地，其他人也有同样的疑惑，陆陆续续地举手发问，到底怎么回事儿呢，负责考场秩序的先生似笑非笑地说："请再看清你们的试卷。"他停了一会儿，又语重心长地说，"特别是试题前的那一行字。"

"请先看完所有题目，再请作答，请勿涂改。"我明白，那个早交卷的家伙为什么面目诡异而且神情愉快了。因为他真的听从那些废话，把试卷从头到尾看了一遍，在右下角写下名字后就交卷了。最后他得了 100 分。

有一个非常勤奋的青年，很想在各个方面都比身边的人强。经过多年的努力，仍然没有长进，他很苦恼，就向智者请教。

智者叫来正在砍柴的 3 个弟子，嘱咐说："你们带这个施主到五里山，打一担自己认为最满意的柴火。"年轻人和 3 个弟子沿着门前湍急的江水，直奔五里山。

等到他们返回时，智者正在原地迎接他们——年轻人满头大汗、气喘吁吁地扛着两捆柴，蹒跚而来；两个弟子一前一后，前面的弟子用扁担左右各担 4 捆柴，后面的弟子轻松地跟着。正在这时，从江面驶来一个木筏，载着小弟子和 8 捆柴火，停在智者的面前。

年轻人和两个先到的弟子，你看看我，我看看你，沉默不语；唯独划木筏的小徒弟，与智者坦然相对。智者见状，问："怎么啦，你们对自己的表现不满意？""大师，让我们再砍一次吧！"那个年轻人请求说，"我一开始就砍了 6 捆，扛到半路，就扛不动了，扔了两捆，又走了一会儿，还是压得喘不过气，又扔掉两捆，最后，我就把这两捆扛回来了。可是，大师，我已经很努力了。"

"我和他恰恰相反，"那个大弟子说，"刚开始，我俩各砍两捆，将 4 捆柴一前一后挂在扁担上，跟着这个施主走。我和师弟轮换担柴，不但不觉得累，反倒觉得轻松了很多。最后，又把施主丢弃的柴挑了回来。"

划木筏的小弟子接过话，说："我个子矮，力气小，别说两捆，就是一捆，这么远的路也挑不回来，所以，我选择走水路……"

智者用赞赏的目光看着弟子们，微微颔首，然后走到年轻人面前，拍着他的肩膀，语重心长地说："一个人要走自己的路，本身没有错，关键是怎样走；走自己的路，让别人说，也没有错，关键是走的路是否正确。年轻人，你要永远记住：选择比努力更重要。"

选对池塘才能钓到大鱼

对于具体的个人来说，除了根据客观条件，朝着自己设计的目标选择职业，他要面临的还有选择一个适合其自身发展的行业和企业。尤其是企业的发展在很大程度上会影响个人的发展。那么，他要钓的"大鱼"在什么样的"池塘"中才可以找到呢？

小张说："当我感觉到自己每天都在进步时，我的生活才有意义。我希望企业能提供一个挑战自我、发掘自己、发展自我的机会。"

小王说："到一个前景不妙的单位工作，意味着今天就业明天便失业，后天又要重新开始。一个企业如果没有远大的发展前景，不管它现在规模有多大、实力有多强，最终必定会穷途末路，反之，一个有广阔发展前景的企业，即使现在规模小一些，实力弱一些，但在全体员工的共同努力下，必将成就一番伟业。"

而小李说："我宁愿选择行业发展速度快，学习机会多，工资待遇高的企业。"

小赵说："每天我的大部分时间要在公司度过，还是喜欢工作氛围比较好的公司，上、下级同事间可以比较顺畅而融洽地沟通。"

从大部分人的说法中可以总结出，选择"池塘"其实就是在企业发展前景、企业文化、企业性质、培训机制甚至工作地点、个人收入之间做出选择。由于个人喜好、目标、具体情况的不同，选择的标准也不尽相同。有时工作地点、个人收入都可能成为职业选择的主要因素。但无论如何，从个人发展的角度讲，能够"钓大鱼"的"池塘"应该是这样的：

首先，它应该是有发展潜力的"池塘"。有些公司成立时间虽然不长，但却是很有发展前途的新兴行业。这些企业不光具有先进的技术、设备、产品、服务、工作流程等硬环境，而且组织中具有朝气蓬勃、团结向上、充满希望的精神气质。你可以尝试加入这些企业，目睹企业从小到大、从弱到强的发展过程，从中你将会汲取到有益于自身能力提高、人格再造甚至事业的提升等精神财富和物质财富。

其次，重视员工个人发展的"池塘"。企业需要可持续性的发展和核心竞争力，个人同样需要提升自我价值，参与更广泛的市场竞争。你所选择的企业仅仅把劳动力视为制造利润的工具，而不去定期地"硬件维护"和"软件升级"，长远地看，不仅企业将面临后劲不足的问题，员工对企业不会形成归属感和向心力，而且也不利于员工在社会中的竞争力。如果一个人长期服务于这样的企业，而得不到必要的"滋养"——培训，那么有一天由于种种原因被推向市场，他的境遇又将是怎样的呢？如今的"40、50现象"（国有企业中，由于企业和个人长期忽视必要的培训，在结构调整和人员精减中，下岗工人通常以女40岁、男50岁左右为主）是否给我们以警示呢？

再次，具有良好文化氛围的"池塘"。公司文化同样是雇员、雇主间能够相互契合的重要因素。一个充满人文关怀、积极向上的组织可以为员工提供友好协作、内外公平、鼓励发展、沟通顺畅的空间，使员工的心情舒畅，倾注自己的工作热情，提高工作效率。在快乐工作的过程中，逐步靠近设定的目标。

许多世界知名企业往往会受到求职者的青睐，不仅是因为这些企业可以提供丰厚的收入，舒适的办公环境，而是他们有更科学、更人性化的管理，员工与员工之间、员工与主管之间沟通顺畅。这样的企业会为员工设计细致的职业生涯规划，只要你有足够的能力，你就有广阔的晋升空间。每个人好像都在快乐地忙碌着，为公司的发展，也为个人的职业目标。

最后，岗位潜力也不能忽视。随着中国职业分类与国际社会逐渐接轨，岗位与你的工作、报酬、将来的发展机会都有着直接的关系。比如，同样的文秘专业毕业，你应聘的是部门文员，她应聘的是部门经理秘书，不仅两者身份、待遇上有很大差别，而且因为不同的工作内容、视野和关系网络，对今后的晋升和寻找新工作都有较大影响。

在我们选对有鱼的池塘以后，接下来的工作就是钓鱼。我们的一般做法应该是自己找来鱼钩，购买鱼饵，做好准备工作，然后静静地等待鱼上钩。请注意，这不只是坐着，你必须长时间保持抬鱼竿的姿势，这样才会有鱼耐不住饥饿来咬你的鱼钩。

等待发展机会也是如此，我们必须先付出劳动和成本——买鱼竿和鱼饵，苦练基本功和技巧——怎样拿好、拿稳鱼竿，然后等待并抓住机会——不是所有游过来的鱼儿都是你的垂钓对象，你要斟酌自己是否有把握将它钓上来，如果不能，千万不要碰它，因为这种失败将使你钓到鱼的机会越来越少。

自己能够把握前进的正确方向

很多人经营一行或做一种工作极为成功，但去经营新的行业或做另外一种工作却失败了。这是为什么呢？克里蒙特·斯通认为，这是因为他们凭经验得到技巧，在一行中爬升到顶端，但是进入了另一行后，他们却不愿意去学习新行业所需要的新知识和经验。同理也是这种原因，导致一个人会在某一项行动中成功，而在另一项行动中失败。

理查·皮可林是斯通的朋友，他是一个了不起的人，是真正的君子——一位品行良好的人。他是人寿保险的法律顾问，事业极为成功，因为他所提出来的建议都是依据自拟问题的答案提出的。他的问题是："什么样的建议对我的顾客最有利？"

经过几年之后，得益于他还保留在公司里面的续约佣金，赚了不少钱。

在皮可林先生 60 多岁时，他决定从芝加哥搬到佛罗里达州。那时候饭店生意很好，虽然他不知道怎样经营饭店，但是他也想要尝试一下。而他在这方面仅有的经验只是做一名顾客。

皮可林先生的兴致很高，开一家不满意，居然同时开了5家。他卖掉了他的续约佣金权，把一切都投资在饭店上。然而没出5个月，他的饭店逐一关门大吉，只好宣布破产。

皮可林先生的故事，和那些大手笔地经营一项新行业而又不愿意寻求解决方法的经营者相比，可以说没什么不同。如果他只是买下饭店，掌管财务，或为另一位经营饭店的专家工作，他会很快获得知识和经验，就不会失败了。

皮可林先生是一位有智慧的人，他是人寿保险行业的佼佼者，但这并不代表他同样可以是酒店行业的佼佼者。因为没有一行的诀窍是相同的，各行有各行的门道。如果皮可林先生能够在进军酒店行业时，像他在保险行业一样去努力寻找能指引自己成功的诀窍，那么他一定不会失败。

通往罗马的路不止一条，但每一条路都有不同的走法，你必须找出你正在行走的这条路的正确路线，这样你才能成功地到达罗马。

有很多时候，我们所寻找的诀窍是来之不易的。也许我们历尽千辛万苦，极力找寻，却发现成功仍然遥遥无期。我们是就此止步，还是用积极的人生观激励自己再度进取？

如果你不相信自己能够做成一件从未有人做过的事，那么你就永远不会做成它。一旦你觉悟到外力不足，而把一切都依赖于自己内在的能力时，那就好了，而且要越早越好。不要怀疑自己的见解，要相信自己，施展自己的个性。

能带着你向自己的目标迈进的力量，就蕴蓄在你的体内，蕴蓄在你的才能、胆量、坚韧力、决心、创造精神及品性中！

卡尔·艾乐由于公司的所有权变动，加入了芝加哥的另一

你只是看起来很努力

家广告机构。

在参加一次全国会议的时候，卡尔听说法斯脱－凯勒塞公司于亚利桑那州的分公司要出售。"那真是一次机会，"卡尔后来对他的朋友们说，"但是我不知道怎样进行这件事情。所需的金钱数目也很惊人。不过，'你背脊骨很硬一你很行'这句话又闪进我的脑中"。

他继续说："我和仙蒂很喜欢亚利桑那州。我也懂得这一行，我有一股不可抗拒的冲动要去抓住这次机会。我知道我要的是什么，而且我知道我会成功。更重要的是，我很想自己做一些大事。我既然能在别人手下做得很好，我自己做肯定也能做好。但是我不知究竟该怎样买下这家分公司。其实，除了我没有钱之外，我具有一切的条件：知识、诀窍、经验、好名声，还认识些了不起的朋友以及在吐桑地区维护好的业务关系。"

那么卡尔是如何解决钱的问题的呢？

"我有一个朋友在芝加哥哈理士信托储蓄银行贷款部工作，"卡尔回答说，"他为我介绍了该部门的负责人。哈理士信托储蓄银行和凤凰城的河谷国家银行共同协商，提供给了我6年期的贷款。另外我有9位朋友也参与了股份，协议规定我可在5年之内任何时间以他们所付出的同样金额买回他们的股份。由于户外运动广告这一行的股份有很多税金和其他的好处，因此，买回这些股份对我和对他们来说都是很有利的。"

卡尔·艾乐的故事告诉我们，要想获得成功，事先不一定要知道前进道路上所遇的问题的答案——如果你的方向不错的话。因为在进行中，你会遇到许多问题并一一解决它们，重要的是你要相信自己能够把握前进的正确方向。

能够成就伟业的，永远是那些信任自己的人；那些敢想敢为的人；那些不怕孤立的人；那些富有创造力的人。

事业明确了，你一生的方向也就确定了

走上社会，你想干什么？一方面是你自己必须有一个理想抱负，另一方面还要看社会给你提供的机遇。你的事业就是在这两方面影响下逐渐明朗化并最终确定下来的。

确定自己的事业——首先就应该选择自己喜欢的事业，这种事业有时候是在生活中不经意发现的，好像你天生就是来做这个工作的。

你喜欢某项工作，实际上就是你心里有某种渴望，当这个工作没有出现时，你的这种渴望是模糊的，不具体的，但是你一直在渴望；当它突然出现的时候，你在心里就会对自己说，就是它。于是，你的事业就明确了，你一生的方向也就确定了。

如果心中没有这种渴望，你就永远无法确定你的事业，你就会糊里糊涂地过完你的一生。

所以，你的事业存在于你的心里，当机遇到来时，你就能够抓住它。就像在大街上，远远地就会发现你的熟人一样，你一下子就能认出他、找到他，而其他千千万万的人，你却熟视无睹。

机遇对你来说，就是为了实现梦想而准备的，没有梦想就没有机遇，从这一点来说，机遇偏爱有准备的人。

很多年以前，艾德温·巴纳斯在新泽西州的橘郡，当时他从货舱走下火车，看起来可能真的像一个街头流浪汉。但是，他有一个渴望：成为爱迪生的事业合伙人。

巴纳斯虽然很快在爱迪生的公司里谋得了一份工作，但是收入很少。

他就一直等着机遇出现，并等了 5 年。那时候，爱迪生刚把一种新型的事务机器改良完成，并命名为爱迪生听写机。但是，爱迪生的业务员们对这项新产品并不热衷，他们不相信可以不费吹灰之力就能把这台新机器推销出去。

巴纳斯看见机会向他招手，而机会就在这台机器里。他立刻挺身而出，接受了推销机器的任务，结果他还真的把机器推销出去了。

爱迪生跟他签了条约，让他主掌全国的营销配合事宜。由此，巴纳斯一举致富。

巴纳斯的愿望实现了，机遇和实力完成了一个致富的神话。

爱迪生后来回忆道："他就站在我面前，看起来和街头的一般流浪汉没什么两样，但他脸上的表情却别有意味，令我印象非常深刻。他是吃了秤砣铁了心，不达目的决不罢休。以我多年与人交往的经验就可以知道，当一个人真正深切渴望得到某个东西时，他会不惜未来的一切去孤注一掷，而且也势在必得。我把他想要的机会给了他，因为我看得出，他早已打定主意要坚持到底。后来，事实证明我并没有看错。"

巴纳斯心中有梦想，而且坚持等待机会。正是因为他有这种准备，所以他才能发现机会、抓住机会，并取得成功。

福勒制刷公司首要创办人阿尔弗拉德·福勒，出身于贫苦农家，住在加拿大东南的新斯科舍半岛。福勒向往着能过上好日子，但是他却连基本的生计都难以维持，先后从事了三种工作，但是都没有多久就失去了工作。

整整两年时间，他一直想找到一份自己喜欢的工作。他试图销售刷子，在此期间他受到了启迪，他的生活发生了根本性的变化，他开始认识到原来的工作之所以干不下去就是因为他不喜欢，他喜欢的是现在这份工作。以前的那些工作并不是像现在这份销售工作一样自然而然来到他身边的。他相信自己会把销售工作做得很出色。

福勒将全部的精力投入到销售工作中，很快，他成了一名成功的销售员。

他在攀登通往成功的阶梯时，又立下一个目标——创办自己的公司。这成为他要为之奋斗终生的目标，因为这是适合他个性的事业。

福勒不再为别人销售刷子了。此时的他比过去任何时候都更为兴高采烈，他在晚上制造自己的刷子，第二天就出售。销售额开始上升时，他就在一所旧棚屋里租下一块地方，雇用一名帮手来为他制造刷子。他本人则集中精力去销售刷子。最后，那个曾经失去了三份工作的孩子究竟取得了什么样的成果呢？——福勒制刷公司拥有几千名售货员和数百万美元的年收入。

如何确定自己的工作，就要遵循自己的梦想和渴望，去寻找、等待、抓住机会，不能守株待兔、坐以待毙。

朝着正确的方向走，才会到达目的地

　　每个人都必须当机立断，去做自己擅长做的事情，当知道自己已经走错方向时，就要及时地掉转头，朝着正确的方向走，才会到达目的地。

　　多年前，有一位男孩愿意牺牲一切，只为成为一名歌剧演员。他的父母花钱让他上课，就像如今的父母，花钱让小孩上音乐课、舞蹈课一样。但是经过几年的练习之后，他的老师对他是否能成为职业演唱家，不抱任何希望。"孩子"，老师告诉他，"你的声音听起来就像风吹着百叶窗！"

　　然而，男孩的母亲相信她的孩子。因为她曾经热切参与他的演唱会，每天在房间里倾听他认真练习。因此，她送他到一位更有经验的老师那儿学习。为了支付儿子的学费，她没钱买新鞋——有时甚至挨饿。这名男孩就是卡罗素，后来他成了那个时代最伟大的男高音——因为他的母亲倾听他的心声，引导他，发掘他的天赋。

　　伽利略是被送去学医的。但当他被迫学习解剖学和生理学的时候，他学习着欧几里得几何学和阿基米德数学，偷偷地研究复杂的数学问题。当从比萨教堂的钟摆上发现钟摆原理的时候，他才18岁。

　　英国著名将领兼政治家威灵顿小的时候，连他母亲都认为他是低能儿。他几乎是学校里最差的学生，别人都说他迟钝、呆笨又懒散，好像他什么都不行。他没有什么特长，而且想都没想过要入伍参军。在父母和教师的眼里，他的刻苦和毅力是唯一可取的优点。但是在 46 岁时，他打败了拿破仑将军。

再也没有比一个人的事业使他受益更大的了。这事业磨炼其肌体；增强其体质；促进其血液循环；敏锐其心智；纠正其判断；唤醒其潜在的才能；迸发其智慧，使其投入生活的竞赛中。

你的才能就是你的天职。你能做什么？这是你对自己最好的质问。如果一个人位置不当，用他的短处而不是长处来工作的话，他就会永久在自卑和失意中沉沦。反之，如果选择长处来工作的话，则会发挥无限潜能而获得成功。

此外，在选择职业时，你不要考虑怎样才能赚钱多、成名快，而是应该选择能使你全力以赴的工作，选择能使你的品格发展得最坚强和最善团结人的工作，应该选择最能让你发挥无限潜能的工作。

颁布奴隶解放令的美国第 16 任总统林肯，在年轻的时候，曾经借着炉子的火光来学习数学和语法，曾经为买一些书走 70 公里的路。他既没有得到过什么遗产，也没有碰到过什么特别的好运气。他之所以有出色的前途和作为，正是因为他有那不屈不挠的意志和正直的气质。

美国第 17 任总统安德鲁·约翰逊，小时候是裁缝店的学徒，从来都没有上过学。但正是这样一个生在小木屋，没有读过书、没有良好境遇的孩子，在美国内战期间担任了总统。他以其丰富的实践经验赢得了全世界的赞扬，切实解放了 400 万的奴隶。

蒸汽机车的发明者史蒂芬逊有 8 个兄弟姐妹，小时候穷得全家都挤住在一个房间里。史蒂芬逊只好去给邻居放牛。但一有时间，他就用黏土、空心树枝做管子，制造蒸汽机模型。17

岁时，他真的装成了一部蒸汽机，还让他父亲帮他烧火做实验。史蒂芬逊没有机会读书，机器就是他的老师，而他是非常用功的学生。当同龄人在假期游玩、逛酒吧的时候，他却在洗机器、研究和做实验。当他作为一个伟大的发明家和蒸汽机的改进者闻名于世的时候，那些游手好闲的人又都羡慕他了。

世界上最伟大的英雄和功臣中，有许多人出身贫寒，他们一如既往地与命运斗争，积累了自己的才能。每一个青年，无论他出身贫贱还是高贵，只要他有一个坚定明确的目标，稳步前进，不管是人还是魔鬼，都无法阻止他的前进。

做出选择时一定要慎重，否则你将会自食其果。

艰苦的选择，如同艰苦的实践一样，会使你全力以赴，会使你更有力量。躲避和随波逐流是很有诱惑力的，但有一天回首往事，你可能意识到：随波逐流也是一种选择但绝不是最好的一种。

你的生活不是试跑，也不是正式比赛前的准备活动。生活就是生活。不要让生活因为你的不负责任而白白流逝。要记住，你所有的岁月最终都会过去，只有做出正确的选择，你才配说你已经度过了这些岁月。

刻意练习，尽快成为行业内的专家

如何在所从事的行业中受到注意，占有一席之地？

要"受到注意，占有地位"只有两个办法，第一个是你赚了很多钱。可是年轻人不大可能一踏入社会就赚大钱，绝大多数人都要工作个七八年，到了一定的年龄，才慢慢打下基础，因此要靠"赚很多钱"来受到注意、占有地位是需要很长时间的。因此你要用第二个方法，就是"尽快"使自己成为你那一行中的专家！

人能不能赚大钱和本事固然有关系，但也要机运来配合。换句话说，虽然你想赚大钱，但却不一定能赚得到。但"成为专家"这件事，却是只要你肯下功夫，就有可能办得到，并且受人注意，在你从事的行业中占有一席之地。

我在这里强调的"尽快"并没有一定的时间限制，两年不算短，五年也不能说长，完全看你个人的资质和客观环境；但如果拖到四五十岁才成为专家，也不能说晚啦，但总是慢了些。因此"尽快"这两个字我不愿意定一个时间标准；我的意思是，一旦入了行，就不可懈怠，应尽全力赶快把你那一行弄清楚，并成为个中翘楚。如果你能这么做，那么你很快就可以超越其他人。年轻人心情还不是十分稳定，有的忙于游乐，有的忙于寻找配偶，真正把心放在工作上的不是很多，有心想成为"专家"的则更少了。他们在起跑点上的耽误，正是你的好时机！这么几年下来，他们就再也追不上来，而这也就是一个人事业成就

你只是看起来很努力

高或低的关键！

那么要如何"尽快"地在本行中成为"专家"呢？以下几点你可以参考。

选定你的行业。你可以根据所学来选，如你没有机会"学以致用""学非所用"也没有关系，很多成功人士的成就和在学校学的并没太大关系。不过，与其根据所学来选，不如根据兴趣来选。而不管根据什么来选，甚至随缘也好，只要选定了这个行业，最好不要轻易转行，因为这会让你学习中断，降低效果。每一行都有每一行的苦和乐，因此你不必想太多，你要做的是把精神放在你的工作上面。

学习行业知识。你可以向同事、主管、前辈请教，加班不算钱也没关系，这是向内学习；"向外学习"则是吸收各种报纸、杂志的资讯；专业补习班、讲座、同行间的切磋都可参加。也就是说你在工作中，要"全面性、全时间"地学习。

制定目标。你可把自己的学习分成好几个阶段，并在一定的时间内完成学习，这是一种压迫式学习，可迫使自己向前进，也可改变自己的习性，训练自己的意志，效果相当好！然后，你可以开始展现你学习的成果，你不必急着"功成名就"，但一段时间过后，假若你学习有成，必然会受到他人的注意！当你成为专家，你的身价必水涨船高，而这也就是你"赚大钱"的基本条件。当然，你可以不必当老板，但有"专家"的条件，再怎么说，过日子总是不成问题的。

不过，成了"专家"之后，你还必须注意社会的潮流和自我进修，若是在原地踏步，"专家"也是会逊色的。

善于在人生的各个阶段不断调整自己

有些时候，我们可能正在做一件很熟悉而令人愉快的事。事情进展很顺利，你的心情也异常轻松、如意，觉得一切都很好。可是，一个偶然的现象或者一闪而过的某个念头，突然使你想起了一件伤心的往事，你的心情在一瞬间便低落下来。

接下来你的情绪越来越不好，心里总是想一些令你感到失落的事。你想避开这种想法，可是不行，越是想忘掉的事，越是清晰、反复浮现在你的脑际。这时候，你手里做的事随之缓慢起来，手脚变得不听使唤，明明很熟悉很简单的事，你却怎么也做不好。

每个人都会遇到类似的状况，在人的一生中，更是经常出现这种莫名其妙的低沉、失落。有时它持续很长一段时间，甚至使你从此再也无法振作起来。很多人对此无可奈何，找不出原因是什么。但事实上，这种事并不奇怪，只是不大引起我们的注意罢了。

再举一例，有一个本领高强、以实力压倒群雄的运动选手，他技巧熟练，几乎已找不到对手，简直不知失败为何物。每个人都以他为话题，他的成功与胜利仿佛将永远持续下去。但是，想不到有一天他竟突然失去获胜的力量，以至于名声也突然走下坡路了。熟悉他的人都找不到原因，而外界的人们更是感到奇怪，纷纷传说。

有一位在西班牙的世界杯足球赛中，为自己的球队赢得胜利的明星球员——尤文图斯队的著名前锋保罗·罗西。他身怀高超的球技，是非常优异的选手，但为什么在世界杯以后短短的两三年内就被众人遗忘？然而事实就是如此，保罗·罗西从舞台上消失，被普拉蒂尼取代，然后是马拉多纳。

为什么有些人一下子就消失得无影无踪，有人却经过多年之后仍旧保有其地位，依然才能出众、备受瞩目？他与其他人有何差异？是身体的构造不同还是能在心灵、精神、企图心等方面，找出其间的差异？或者说，是一种保持状态的能力在起作用？实际上，这正是我们应该注意的方向，也就是一个人内心的状态以及企图心。拥有辉煌经历的选手都有一股内在的驱策力，使他们不断努力。他们大多出身贫民区，运动是他们出人头地的唯一方式，也是摆脱贫穷的唯一手段。在运动的世界中，不像学术或艺术那般需要漫长的准备期，它需要的是体力、结实的肌肉、某种天赋，尤其是对成功的执着和近乎愤怒的战斗意志。拥有了这一切，他们离成功就很近了。

因此，优秀的拳击选手几乎都是意志力坚强的人，一般人是无法下定决心到拳击场上与别人互殴，投入这项有生命危险的运动的。黑人则不同，为了脱离受人歧视的贫民区，他们已有丧失生命的心理准备，即使粉身碎骨，也在所不惜。因此，在拳击场上黑人往往占据主角。但是，这种异常坚强的动机，在获得成功之后，却会因为各种意外而经常发生变化。获得冠军之后，生活变得富裕而舒适，于是，开始追求安逸，同时也变得很有自信，认为成功完全是靠自己的能力得来的，认为自己比别人都强，没有什么可以难倒自己。

这时候他很少想到，其实他的成功是很多因素促成的，并且依靠许多人的帮助才得以达成，只是他无法理解或忘记了有人慧眼识英雄，把他发掘出来，有人把全部家当都押在他身上。此外，他的成功其实和一般大众的支持、运气以及对手的时运不济有关，但他逐渐脱离现实，变得自大、任性、疏于练习，最终因失败而退出强者的舞台。

那么，什么样的人可以免除这种毛病呢？只有一直清醒地认识到自己是个普通人，认为自己和其他人没有两样的人才可免除。他知道过去的成功并不是光靠他自己得来的，而是受惠于许多人的帮助，他也明白，一旦稍有松懈，就被别人迎头赶上。

承认自己的智慧、体力、决断力，以及近乎愤怒的战斗力已经大不如从前的人，也可以免除这种病。有此觉悟，就会设法以经验、职业精神、昂扬的斗志，集中注意力，来取代丧失的意志。

不管多么强大的人，如果自大狂妄，也会被淘汰。出身贫困且偏远地区的人，经常对历史的发展有重大影响。以在法国科西嘉岛上的贫困家庭出生的拿破仑为例，他拥有坚强不屈的意志，甚至能够控制自己的肉体，视情况需要调整睡眠时间。但是，拿破仑后来也脱离现实，自认为已立于不败之地，把自己看成了神。他忘记成功是由许多条件与历史因素（亦即当时人们对革命的信仰、基层士兵的欲望、欧洲各国民心一致）所造成的，于是走向衰败。如果他有更深的教养，能够倾听别人的声音并加以反省，能够不断提醒自己不要忘乎所以，或许就可以免于如此快速地走向没落。

实际上，所有的人都是如此。我们每个人的内心深处都隐藏着想要解放的欲望，这正是驱策我们向前走的强烈动机。但是，我们一旦在事业、恋爱、艺术、学术等方面获得成功，就容易忘掉是什么原因或靠谁的帮忙才得以成功，就容易放松自己的企图心。

在生产中，许多领导者、经营者都犯了这个错误，他们忘记是由于妻子营造了一个安定的家庭，再加上朋友的帮助、部下的打拼而成功的，于是，渐渐在自己周遭制造怨恨、不满和苦恼。终于有一天，当危险逼近，他才发觉自己孤独无助，并且即将被打倒。但是，即使面对这种状态，如果能及时清醒，改变自己的态度，仍有免于被无情淘汰的可能。

明白点说，人要使自己在成功后仍然保持激昂的斗志，长久保持旺盛的战斗力，就要善于在人生的各个阶段不断调整自己，使自己适应不断出现的新情况。

这种考验对每个人来说都是很严峻的，没有人能时刻做到心知肚明，而一旦在心理上稍有疏忽，灾难就可能随之降临。

可以说，如何适时地调整自己的状态，以使自己适应人生中的各种时期和可能出现的意外，是生命中最重要的课题之一。

比如一名作家，在某一段时期里，他会有非常强烈的创作欲望，不断地写出脍炙人口的作品来。在写作时，他会觉得思路很顺畅，文字像要从脑海里蹦出来一样。这时候他写的东西，优美感人，人物形象栩栩如生，使人读起来不忍释手。

可是，突然在某一天，他付出艰辛的努力后终于写完一个长篇，他可能会感到浑身轻松，然后预备写下一个长篇小说。但他突然发现自己怎么也写不出东西来，尽管挖空心思，却收效不大，写出来的作品连自己也看不过去。这种情况同我们开始所述一样，作家忽然找不到感觉，但却无法轻易明白这是什么原因。

实际上，这是他的状态出现了问题。当然，这跟受外界的诱惑而导致的松懈完全不同，然而这种状况又往往令人不明不白，难以找到具体的原因。

但这并不是无法扭转的，关键是不论在何种状况下，我们都应对自己的环境、心态、工作性质及周围人的因素有个明确的了解，适当调整自己的情绪，改变一成不变的工作方法。这样，才可能扭转颓势，使自己重新找到良好的状态，保持不断进取的势头。

上面提到的那位作家，是因为投入到太紧张的工作里和后来突然松懈形成反差，形成心理上的疲软和过度紧张。这时候，他只要走出家门，放松自己，去大自然走一走，用一段时间完全不去想写作上的事，再次提笔时，他会发现自己的灵感恢复如初，写作异常顺利。

这是调整状态的一种方法，即转移注意力。我们在连续工作和过度紧张的情况下，就容易造成工作效率及心理情绪低下，因此有必要转移注意力，让自己的身体和心灵都得到休息、恢复。

而对于另一种人来说，情况则完全与此相反。这种人是在取得一定的成功后，变得自大、骄傲、自以为是，从而自然放松了进取的主动性和积极性。

他们很满足于已经取得的成绩，认为自己用不着再像从前一样艰苦努力和辛勤劳作。因此他们开始讲究享受，个性也变得狂傲不羁，颐指气使，高高在上。但是这种日子不会持续太久，到他突然发现自己坐吃山空，需要重新创业时，他会惊慌失措，迫不及待地重操旧业。

　　显然，这时候他们已找不到当初劲头十足、游刃有余的感觉，做什么事都会磕磕绊绊，极不顺利。这当然是由于身心的懈怠所致。

　　善于调整自己的人不会允许自己出现这种松懈。不管取得了什么样的成就，他都能正确面对，心神宁静。他不会为任何的成功沾沾自喜，忘记了追求成功的艰辛和困苦，也不会为一时的挫折垂头丧气，失去了重新战斗的勇气。只有这种人，才不会被历史的洪流埋没、冲走，消失得无影无踪。

　　此外，这种人在面对任何的意外情况时，有极强的适应能力和应变能力，可以很快地分析眼前情况的利弊，做出行动与否的决定。

　　有一部分很有才干的人，就是因为无法应付突变情况而招致毁灭性的打击。意外的灾害、工作的调动、不利的消息都可能导致一个人从此低落消沉，因不能适应新环境、新生活而变成一个平庸的人。

　　真正的成功人士，能对意外情况应付自如。他们不会惊慌失措，不会手忙脚乱，即便遇见最痛苦的事，他们也能冷静地面对。在最不利的情况下，一样能够振作起来。他们始终不会忘记自己的目标，终其一生地为了理想而奋斗。正因为有这个前提，这种人永远不会迷失方向，总是在不断调整自己的人生航向，使之在安全、正确的航道上高速前进，一直到达理想的彼岸。

此领域可呼风唤雨，彼领域却寸步难行

每个人都没有三头六臂，你没有太多的精力；你在此方面是天才，可能在彼方面却近于弱智；你在此领域呼风唤雨，却可能在彼领域寸步难行。

保罗·奥弗利对此深有感触："我的座右铭是：任何人都能做得比我好。把其他人对我的支持汇聚在一起，并给予这些人平等的地位，我就能集中力量，来发展一个让大家都受益的事业。"

阅读、写作、算术，这三项是所有教育的基础，也是取得成功的基本要素。保罗·奥弗利在学校时虽然仅仅对其中的一项比较熟练，但这并没有阻止他20世纪末在生意上取得成功。

对于保罗·奥弗利来说，读懂写满文字的印刷品是最大的障碍，他在二年级时考试常常不及格，因为不知道怎样读写。三年级时，学校不能容忍像他这样的学生继续留读，把他赶出了公立学校，他被迫进了专门为领会知识较慢的学生开的特别班。六个星期后，妈妈对他进行了测试，发现他的智商是128，也就是说，儿子在智力上并没有任何缺陷。她立即将保罗转出特别班，又将保罗送回公立学校。她不停地带着保罗·奥弗利去看眼科大夫，并请教阅读专家，但是没有任何结果。因为当时的科技水平对阅读障碍症知之不多，所以保罗·奥弗利的病也就得不到诊断和治疗。

幸好保罗·奥弗利的父母对他非常支持。"当周围的人们都让我感到自己很傻时，父母总是站在我这边，他们开玩笑说，老师和特别班每教会我读一个字，他们就得付给老师 50 美元，不然的话，没有人愿意承担这样一份艰辛的工作。但是他们从来都不责备我，他们一直在鼓励我。"

虽然保罗·奥弗利的成绩非常差，但他自己感觉非常好，因为他能将象棋等很多游戏玩得非常棒。很小的时候，他就对股票市场怀有浓厚的兴趣。父亲从事服装生意，教给保罗储蓄和投资的重要性。8 岁时，在父亲的帮助下，他买了自己的第一份股票。上学期间他继续将补助金投入到股票市场中。

当保罗·奥弗利高中毕业时，他的成绩在全班处在垫底的位置。参加工作后，因常常看错上司的指令，失去了在温泉做小工的工作。他找到另一份加油站的工作，也因老板看不懂他写的收费单，仅仅干了一天。

"我确信没有人会雇用我了"，保罗·奥弗利说，"而且我认识到，如果做出一些有意义的事情，我实在非常需要其他人的帮助。"

保罗·奥弗利十几岁时，这种帮助来自他的两个堂兄弟，这两个堂兄弟决定通过粉刷每家门前路边的牌号来挣钱。虽然保罗不能按正确顺序粉刷地址牌号，但是他可以挨家挨户上门推销这种业务。由于他们没有使用快干油漆，所以刷完后的地址牌号一片模糊，都被雨水冲到了排水沟里，因此三个人的生意很快就彻底失败了。

后来他们三个人试着经营了一个路边的蔬菜摊，生意还可以。那个夏天，保罗·奥弗利学到了一些经验，这些经验对他后来的生意起了很大的启发作用。"父亲卖女士服装，我卖蔬菜；

蔬菜会腐烂，而服装也会过时"，保罗说，"我想我不愿再从事有存货的生意了。"

在寻找更好的生意机会的同时，保罗将大学毕业当作了一个非常重要的目标，他不想比别人低一等。但是，要想成为南加利福尼亚大学的学生，他在社区学院的成绩必须得到 B 级成绩。这个目标对保罗来说非常困难，因为他的成绩仅仅达到高中毕业的水平。但他还是坚持在当地的社区学院报了名，并在朋友、老师的帮助下拿到了 B 级成绩。

保罗·奥弗利最终作为金融专业的学生进入南加利福尼亚大学，并以 C 级成绩顺利毕业。同时在上大学期间，他发现了自己应该经营的生意。

"我被分在一个研究课程设置的课题小组，但由于阅读障碍症，我无法阅读或处理文字上的工作，"他回忆说，"于是我和其他学生达成了一项协议，由他们来书写，我来做其他工作。"由于保罗要花好几个小时在图书馆为小组复印材料，于是对复印机产生了浓厚的兴趣。在 20 世纪 70 年代，复印机还是个非常新鲜的机器。保罗观察到，"这种机器的运行真是简单，你所要做的就是给它插上电源。"

而且非常重要的是，作为一种生意，图片复印不需要存货。

保罗曾经在市场班学习过生产流程，凭借学到的知识，他感觉几十年后图片复印必将给文件复制带来革命性的变化。在大学的第五年时，他从银行贷款 5000 美元，租用学校附近的一个以前卖汉堡的供应点，成立了一家图片复印商店。

保罗·奥弗利很快又认识到要将生意做大，他还需要其他人来帮助。因为操作和保养机器并不是他的特长，所以保罗很快找到了当地一个擅长机械维修的学生，并吸收他做了合伙人。

复印一页他们只收 4 美分，与图书馆复印一页收 1 角的复印费相比，他们的价格非常有优势，所以生意很快红火起来。"我有一个能在任何大学都行得通的观念。"保罗说，"为了帮助我开办新的商店，我将商店内凡是能贡献资金和支付给我利息的人都吸收为合伙人。这使我在不需要外来资金的情况下，就能使复印商店迅速壮大起来。"这就是保罗生意发展的关键因素——建立合伙人关系。

开始时，保罗寻找的合伙人是同学，他要求他们提供最少量的投资，并鼓励他们在西海岸大学附近设新的商店，吸收更多的加入者。

除了寻找合伙人分担生意的风险和成功外，保罗·奥弗利创立了一种公司文化，强调"自尊"和"激发"。保罗·奥弗利不喜欢"雇员"或者"下属"等字眼以及为某人工作的想法，在他的哲学中，从工作第一线的收银员到投资者，所有的人都是合伙人，每个人都有利润分成。保罗·奥弗利的目标是让合伙人感觉到他是集体中有价值的一员，而且要他们具有保罗·奥弗利称之为"快乐手指"的精神，就是要让你帮助公司提高销售额，这样你个人也将受益。

保罗·奥弗利的合作概念远不止于此。他在发展过程中与一些非常杰出的商家如柯达、雪碧等形成了强强联手、相互帮助的格局。通过合作，保罗为自己的商店装备了许多租赁而不是购买的技术设备。这种策略使保罗在竞争中一直保持领先，并且将投资额降到最低限度。

生命，在你奏出最美妙的乐章那一刻最美

　　一个人怎样给自己定位，将决定其一生成就的大小，志在顶峰的人不会永远落在平地，而甘心做奴隶的人永远也不会成为主人。

　　著名企业家迈克尔在从商以前，曾是一家酒店的服务生，干的就是替客人搬行李、擦车的活儿。有一天，一辆豪华的劳斯莱斯轿车停在酒店门口，车主人吩咐一声："把车洗洗。"迈克尔那时刚刚中学毕业，还没有见过世面，从未见过这么漂亮的车子，不免有几分惊喜。他边洗边欣赏这辆车，擦完后，忍不住拉开车门，想上去享受一番。这时，正巧领班走了出来。"你在干什么？"领班训斥道，"你不知道自己的身份和位置？你这种人一辈子也不配坐劳斯莱斯！"受辱的迈克尔从此发誓："这一辈子我不但要坐上劳斯莱斯，还要拥有自己的劳斯莱斯！"他的决心是如此强烈，以至于这成了他人生的奋斗目标。许多年以后，当他事业有成时，果然买了一部劳斯莱斯轿车！如果迈克尔也像领班一样认定自己的命运，那么，也许今天他还在替人擦车、搬行李，最多做一个领班。人生的目标对一个人是何等重要啊！

　　在现实中，总有这样一些人：他们或因受宿命论的影响，凡事听天由命；或因性格懦弱，习惯依赖他人；或因责任心太差，不敢承担责任；或因惰性太强，好逸恶劳；或因缺乏理想，混日为生……总之，他们给自己定位低调，遇事逃避，不敢为

人之先，不敢转变思路，而被一种消极心态支配，不求进取。

你应该找到你自己的路，执着地走下去，生命中最欢乐的时刻，正是在你找到自己的"音符"，奏出最美妙的华彩乐章的那一刻。

演技派电影明星达斯汀·霍夫曼在"金球奖"的颁奖典礼上接受终身成就奖时，提到一个真实的小故事。

有一次，他为电影《毕业生》做宣传，碰巧与音乐大师史达温斯基在同处接受访问。主持人问起史氏，那时是否是他一生当中最感到骄傲的时刻——新曲的首度公演、功成名就、掌声四起？史氏都一一加以否认。最后，他说："我坐在这里已经好几个小时了，这期间，我一直不断地在为我新曲中的一个音符绞尽脑汁，到底是'1'比较好还是'3'？当我最后发现众里寻她千百度的那一个音符的一刹那，是我人生中最快乐、最骄傲的时刻！"霍夫曼说，他被大师感动得当场哭了起来。

如同伟大的作曲家心无旁骛、孜孜不息地寻找一个最能撼动他的音符，不管是从事何种职业的人，那最令人满足、安慰的时刻，的确是在历尽"千山万水"，终于"柳暗花明"找到了自己的"音符"的一瞬间。登山者攀越高峰，流着血汗、一步一个脚印地爬上去，面对挑战，战胜挑战，到达顶峰，那一刻的心灵震撼，绝对是无可比拟的！

人生最大的骄傲，不在于掌声、名利或权势。掌声会停，名利、权势也终究是过眼云烟。倒不如试着学习认识自己的潜能，对自己的言行负责，并在设定方向之后，不畏艰辛，静心、努力、不懈地追寻，一旦真的找着了最能感动自己灵魂的"那一个音符，必得人生至乐！

斯通非常赞赏霍夫曼的观点，他也举了这样一个例子：汤姆逊由于"那双笨拙的手"，在处理实验工具方面感到很烦恼，因此他的早年研究工作偏重于理论物理，较少涉及实验物理，并且他找了一位在做实验及处理实验故障方面有惊人的能力的年轻助手，这样他就避免了自己的缺陷，努力发挥了自己的特长。珍妮·古多尔清楚地知道，她并没有过人的才智，但在研究野生动物方面，她有超人的毅力、浓厚的兴趣，而这正是干这一行所需要的。所以她没有去攻数学、物理学，而是进入非洲深林里考察黑猩猩，终于成了一个有成就的科学家。

工作需要耐心和不间断的探索

无论谁都不可能在让自己头痛的工作中取得伟大成绩。在没有看清自己之前，不要盲目选择工作。同样，你在某一方面不能取得成绩的时候，也不要评价自己一无是处。

英国政治家丘吉尔，少年时在校成绩很差，又很顽皮，是个使人感到相当棘手的少年。丘吉尔的家庭是贵族，又很有钱，所以父亲想让他进入牛津大学或剑桥大学。可是他的成绩无法进入大学，因此不得不去报考英国陆军军官学校。那在英国属于第三流的学校，可是他竟然名落孙山。他在家过了两年补习生活，也请过家庭教师，还是考不上。到了第三年才好不容易考取，而且是最后一名。

很多人有这种观念，认为像丘吉尔这种人是不可能成功的。但是丘吉尔年轻时代虽然如此差劲，可后来竟然成为 20 世纪最伟大的政治家之一。

丘吉尔数学虽然不好，可是他在语文方面却发挥了伟大才能，在绘画方面也有天分。他还在文学方面取得了伟大业绩——获得诺贝尔文学奖。

从丘吉尔的情况来看，一方面学不好并不代表自己的能力差，因此不必自卑，你可以找自己喜欢做的事，在这些方面你就可以大展身手，展示自己的才华。

贝比罗斯的故乡是在船上工作的底层劳动者聚居的地方，环境并不很好。在这里长大的贝比罗斯尤其是个让大家感到棘手的不良少年。例如：他看到邻居从市场买菜回来时，就突然从旁边跳出来，把人家的蔬菜打落，然后跑掉。由于非常喜欢他搞恶作剧，后来就被送到感化院。

感化院的老师为了教育他，让他打棒球。棒球是最需要团队精神的运动之一，需要共同作业，不许擅自活动，必须尊重别人。老师想利用这个运动来锻炼他的人格。那个感化院规模很大，所以很快就组成了一个棒球队，常常跟许多学校举行比赛。在比赛中贝比罗斯被某个裁判认为非常有棒球天分，这就为他成为世界第一流全垒打王奠定了基础。所以即便你是个落伍的人，可能也会有被埋没的才能，这种才能有时需要靠别人来发掘，可是最好能自己发掘。把它充分发挥出来，才会通往成功之路。

假如你现在失去了一份工作，不必悲观绝望，这也许是新创业之路的开始。

有个年轻人讲他在没有工作而走投无路时，如何把注意力放在好的一面。他说："我当时在一家信息公司工作，由于效益不好，公司不得不裁员。一天，我忽然接到通知。接下来的几小时我真是万念俱灰。后来我这样想：我不太喜欢这个工作，要是一直留在那里，我就不可能有发展了。所以，失去工作正是找一个真正喜欢的工作的好机会。果然不久我便找到一个更称心的工作，而且待遇也比以前好。我因此发现被辞退确实是件好事。"

找到适合自己的工作，并不是一件很容易的事，有时需要经过长时间的摸爬滚打。作家贾平凹曾深有感触地说："要发现自己并不容易，我花了整整三年时间啊！"所以成功需要耐心和不间断的探索。

贾平凹的创作经历是这样的：最初，上大学时，在校刊上发表了一首顺口溜，于是努力写诗。两年之中写了上千首诗，质量平平；接着，他写起古诗来，也不怎么样；后来，学写评论、散文、随笔，同样没有突出的成绩；当他的第一篇短篇小说发表之后，才意识到，这种文学形式最适合自己。于是一发不可收，写了大量短篇小说，开始在中国文坛上崭露头角。

贾平凹的经历说明，每一个人不见得都能认识自己的才能。"知己"如同"知彼"一样，亦非易事。正因为这样，每个人根据自身的特点，选择合适的成才目标，是要经过一番摸索、实践的。

马克思曾经想当诗人，当他发觉自己写诗不怎么样的时候，就转向社会科学研究方面了。

达尔文也曾对诗歌产生过兴趣，年轻时每天上午背诵几十行诗。不过，他很快发现自己"诗才"平庸，就转向生物学了。

你只是看起来很努力

Part 2

努力不蛮干，方法对才能做对事

很多时候，我们并没有做好自己的工作，究其原因，其实就是在错误的时间、错误的地方，用了错误的策略做了错误的事情，最终只能收获一个错误的结果。事实上，任何事情的发生、发展都有自己的规律，哪怕是突发事件，也有起因和结果，关键是我们能否找到最关键、最巧妙的办法来解决问题。

正确的做事方法比盲目执着更重要

在工作中，我们不可能总是一帆风顺，当遇到难题时，绝对不应该一味下蛮力去干，要多动些脑筋，看看自己努力的方向是否正确。下面的这两个故事生动地说明了这个道理。

一家公司招聘一名业务代表。甲、乙两名应聘者进入了终面，在不一样的时间段分别被通知前来面试。

甲在面试时间里，各种问题对答如流。就在他自我感觉良好的时候，负责面试的考官突然把一把钥匙递给他，并随手指了指室内的一扇小门，笑着说："请你帮我到那间屋里把一只茶杯拿来。"

甲接过钥匙就去开那扇小门，钥匙非常容易就插进了锁孔，但就是拧不动、无法打开。甲十分耐心地鼓捣了好长时间，才回过头来，极其礼貌地问那位翻看材料的考官："请问，是不是这把钥匙？"

"是的，"考官抬头望了望甲，又补充一句，"不可能错，正是那把钥匙。"然后接着看他的材料。

甲无法把门打开，就转身走回考官的面前，非常为难地说："门打不开，我也不渴……"

考官把他的话打断了："那好吧，你回去等通知吧，一个星期以内若接不到通知，就用不着等了。"

乙在回答问题的时候尽管不是很流畅，但他很快就凭着那把钥匙在那间屋里把一只茶杯取来了。考官为他倒了一杯水，

你只是看起来很努力

高兴地对他说："喝杯水，然后把协议签了，你被录用了。"

原来，那间屋不止一扇门，除去考官房间的那扇内门，还有一扇外门与考官房门相邻。乙把外边的那扇门打开了，取出了求职成功的那只茶杯。

我们在工作中花费了非常大的功夫，却始终不乐意换个角度思考问题，考虑些另外的方法，考虑别的捷径。解决问题的方法可能就是转换角度后的另一扇洞开的门。

以下故事从另一个方面阐释了此道理。

麦克是一家大公司的高级主管，在他面前是一个两难的境地：一方面，他十分喜欢自己的工作，也非常喜欢跟随工作而来的丰厚薪水——他的位置使他的薪水只增不减。然而，另一方面，他很讨厌他的老板，经过多年的忍受，他觉得已经到了忍无可忍的地步了。在经过慎重思考以后，他决定到猎头公司去重新谋一个其他的公司高级主管的职位。猎头公司对他说，凭他的条件，再找一个相似的职位并不费劲。

麦克到家以后把这一切跟他的妻子说了。他的妻子是一个教师，那天刚刚教学生怎样重新界定问题，也就是换一个角度考虑你正在面对的问题，把正在面对的问题完全颠倒过来看——不但要跟你以前看这问题的角度不一样，也要和其他人看这问题的角度不一样。她把上课的内容告诉给了麦克，麦克也是高智商的人，他听了妻子的话后，脑中浮现了一个大胆的创意。

他在第二天又去了猎头公司，这次他是请公司帮他的老板找工作。很快，他的老板接到了猎头公司打来的电话，请他去别的公司高就，虽然他完全不明白这是他的下属和猎头公司共同努力的结果，但恰好这位老板对于自己现在的工作也厌倦了，因此没有考虑多久，他就接受了这份新工作。

这件事最美妙之处在于老板接受了新的工作，结果他现在的位置就空出来了。麦克申请了此位置，于是他就坐到了从前他老板的位置上。

这个故事是真实的。麦克在这个故事中的本意是想替自己找份新工作，以躲开让自己讨厌的老板。然而他的妻子让他懂得了怎样从不一样的角度考虑问题，结果他不但依旧干着自己喜欢的工作，而且摆脱了让他烦恼的老板，还获得了意外的升迁。

因此说，在面对问题的时候，不能只从问题的直观角度去思考，要不断使自己智慧的潜力得到发挥，从相反的方面寻找解决问题的方法，就能让问题出现新的转折。

当我们在生活和工作中遇到障碍时，经过了努力依旧没有进展时，就要想想是否有更好的方式。比起持之以恒来，正确的做事方法更重要！

销售经理常常会告诉业务受挫的推销员："再多跑几家客户！"父母常常会告诉拼命读书的孩子："再努力一些！"然而这些建议都有一个漏洞，就类似有人曾经问一位高尔夫球高手："我需不需要多做练习？"高尔夫球高手却回答说："不，要是你不先掌握好挥杆要领，再多的练习也是毫无用处的。"

要是有人打算学打高尔夫球这种难度相当高的运动项目，他需要花大笔的金钱在设备、附件、教练和训练上，他还会把昂贵的球杆时不时打进池塘，他也经常会遭受挫折。要是他学习高尔夫球的目的是成为一位高尔夫球好手，或者在与朋友们相聚时能共同打打球，那么这么投入是非常必要的。而且他还必须持之以恒，才会达到自己的目的。

然而，要是他的目标是为了每周运动两次，把体重减轻几磅并加以保持，使自己神清气爽的话，他最好放弃高尔夫球，在住宅旁边快步走就足够了。要是他在拼命练习了一个月或两个月的高尔夫球以后，慢慢认识到这一点，然后放弃高尔夫球，开始进行快步走的锻炼方式，我们应该如何评价他呢？说他是一个缺乏恒心、半途而废的人，还是说他十分有自知之明？他是成功者还是失败者？

总体而言，设定目标非常有意义，对自己的人生方向有明确的认识是十分重要的事情。然而现实中人们总是计较怎样达到目标的过程，因而失去了许多好机会。他们还觉得要达到目标肯定要经受非常多的毅力考验，即便有捷径可走，他们选择的仍是艰辛的过程。

我们任何一个人都被教导过，做事情要有恒心和毅力。例如对"只要努力，再努力，就能达到目的"等的说法，我们早就十分熟悉了。你要是遵循这样的准则做事，往往会不断地遇到挫折和产生负疚感。因为"不惜代价，坚持到底"这一教条的原因，那些中途放弃的人，就往往被当作是"半途而废"，让周围的人感到失望。

正是由于这个害人的教条，让我们即便是有捷径也不去走，而去简就繁，并把这当成美德，加以宣扬。

比起执着的态度，正确的方法更重要。我们应该调整思维，尽可能通过简便的方式达到目标。你应当选择用简易的方法办事情。

清楚解决问题的捷径并不是坏事，成功者往往采用这种方法：

1. 换成简单的语言

分解错综的问题为简单的问题或语言。

比方说：总销售量：25873892 美元

成本：14263128 美元

要是科长问成本占销售量的百分之几，就能用简单方式表示，就是把销售量当作是 25，把成本当作是 14，14：25，这样就能够把成本约占销售量的 55% 推测出来。不管什么问题，只要把它简单化就易于找到解决的办法。

2. 把别人的终点当作自己的起点

精通古今、多才多艺的里欧纳尔德·文奇指出："不能青出于蓝的弟子，算不上好弟子。"

一位年轻的杰出科学家皮耶·艾维迪也说："比起史坦因莱兹等科学界的巨人，我们只能算是小人物。然而踏在巨人肩上的小人物，却可以比巨人看得更远。"在钻研新课题时，皮耶常应用这句话，他收集与研究题目相关的资料，接着对其进行阅读和研讨。

3. 学习别人的做法

比方说要把新式录音机推出来该如何做？如果本身缺乏这方面的经验，要是完全靠自己的构思，不但浪费时间，还会出错。经营录音机的公司总数不少，它们是最好的消息来源。然而不能依样画葫芦，而是利用已有的先进经验来发挥自己的构思。不管面临的问题是什么，都要看看人家是如何把问题解决的，然后再对此进行改善。

4. 使用淘汰法

有时由于解决问题的方法太多，反而不知怎么取舍。可以采取淘汰法逐一去掉不好的。

比方跳舞比赛，要想一次从舞者中选出优胜者是非常不容易的，所以便采取淘汰法。每次评审一组，有缺点就退场，如此陆续淘汰直到剩下两组为止，最后只剩下优胜的一组。当你要从几个东西中把最喜欢的选出时，只需把不喜欢的逐个淘汰，事情就变得容易了。

5. 向别人说明

能不能把更新更好的解决办法提出来，这与了解问题的程度相关。为了使自己的想法得到验证，最好向第三者提出计划。

纽约某石油公司的老板经常把太太看成练习讲演的对象。这位太太对石油知道的不是很多，却可以耐着性子聆听，结果对她先生帮助挺大。这位经营者把想法用语言表现出来，以发现这里面的缺陷。

即使是跌倒，也要朝向目标

敢于尝试的人一定是聪明人，他们不会输。因为他们即使不成功，也能从中学到教训。所以，只有那些不去尝试的人，才是绝对的失败者。无论碰到什么事，都会相信只要去尝试，就有成功的希望，而不去尝试，则一点成功的希望都没有了。

吃亏就是占便宜。由此可见，失败也是一种成功。不论在工作还是在商场上，成功必定属于正视失败的人，因为失败乃成功之母。

　　世界上的事情都具有双重性，失败也不例外。它固然会引起我们的一些不良情绪，甚至给某些人带来一生的痛苦和不幸；但是，如果我们正确地看待失败，用理智控制情绪，以积极的行为方式和顽强的毅力去适应失败和改变失败引发的不良境遇，那么，我们不仅最终能够战胜失败，保持身心健康，而且能够学会驾驭失败、化害为利的本领，从而使我们摆脱幼稚，走向成熟，成为生活的强者。这正如法国大文学家巴尔扎克所说："不幸是天才的踏脚石，是弱者的深渊。"

　　纵观历史，多少出类拔萃者之所以能够出类拔萃，就是因为他们面对失败，面对不幸，面对坎坷时不是束手无策，也没有彷徨无奈。他们或是以非凡的勇气和毅力执着地将目标坚持下去；或是在招致挫折的袭击后，黯然一阵，随即又奋起，成为熠熠闪光的搏击者；或是量力而行，及时地转换目标，从而在适合自己的领域里获得成功。

　　在很多学习过程中，失败在所难免；而你跌倒之后，决不能躺在地上不起来，你必须起来，而且不能空手站起来，无论抓到什么东西，就是不能空着手！

　　每个人在迈向人生的目标的途中，难免会跌倒，但不是被一座山绊倒，而是一时疏忽，踩到一小块石头而摔跤。

　　但是，即使是跌倒，也要朝向目标，而且，不管你跌得多痛，也要挣扎起来，继续前进。

　　培养起这种心态：把跌倒看成是通往目标的途中必然的事，而不是一种不幸。

　　所以不要只顾躺在地上，想着前途茫茫，道路崎岖，也别

你只是看起来很努力

埋怨不平的路途害你跌倒，或者怀疑有人陷害。别因为一点皮肉之伤而叫痛，别因为跌倒一次，就畏缩不前。不要忘记蹒跚学步的小孩儿，都是经过无数跌跤才学会走路的。他们跌得多，爬起得快，也更快学会了走路。他们比那些抚伤痛哭、等待护理的孩子强多了。

每一次都要从跌倒中得到一些启发，学习从失败中制胜的道理。当你学会如何反败为胜，你就能领悟"失败是成功之母"的道理了。

请听听英国著名女作家克莉斯蒂对失败的理解和感受："我想一个人也许应该回顾他曾经受过的羞辱和痛苦，然后说：'是的，这曾是我生活中的一部分，但这一部分已经结束了，无须再多想它，面对挫折，我们可以轰轰烈烈地挽回败局，也可以平心静气地战胜痛苦。'失败、落泪、痛苦、羞辱都是人生的一部分，过去了就无须在意，要紧的是快乐地生活，快乐地去寻找机会重新生活。"

是的，面对失败，我们无须太过自责，不管是多大的失败，多深的创伤，过去的毕竟过去了，我们要面对未来，面对生活，所以我们要从失败中吸取教训，总结过去，放眼未来。

如果能够把行不通的事物修补改正，使它可行了，那么有这种本事的人，可说是时代的宠儿，将无往而不利！

学习这种成功之道，应该向有经验的人请教，这是最快速又经济的途径。不过有经验的人难找，所需要的资料也难求。于是，就必须靠自己努力、摸索了。首先，在你自己的失败经验中，也许就有不少宝贵、有用的资料。

伟大的汽车发明奇才吉德林曾说："发明家几乎随时都会

失败！"他强调发明家难免失败，因为他自己便尝试过上千次的失败！失败难免，重要的是从失败中吸取教训，从失败中长经验。

如果因为失败就觉得无脸见人，不敢再尝试，那么，就注定没有出头的机会了。或者由于碰过几次壁便裹足不前的人，也同样难以与成功结缘。其实，失败并不等于毫无所得，失败能让你知道什么是行不通的；失败的经验越多，知道的失败原因也越多。屡试屡败之后获得成功的人，不但学到了行不通的道理，同时也学会了行得通的方法！

你的勤奋，会铺平你的发展道路

只有那些勤奋刻苦，并有良好技能的人才有更多的机会了解自己的工作，并且从中发现问题，及时改正，使自己的工作做得更好。

很多人在工作中都会有很好的想法，然而只有那些在艰苦探索的过程中付出辛勤劳动的人，才有可能取得令人瞩目的成果。同样，每一位员工付出努力是公司正常运转所需要的，勤奋刻苦在这时显得特别重要，而你的勤奋的态度会铺平你的发展道路。

勤奋刻苦如同一所高贵的学校，任何人若想有所成就都必须进入其中，在那里可以学到有用的知识、独立的精神，可以培养坚忍不拔的习惯。实际上，勤劳本身就是财富，若你是一个勤劳、肯干、刻苦的员工，就好像是蜜蜂，你采的花越多，酿的蜜也越多，享受到的甜美便更多。

命运被勤勤恳恳工作的人掌握，所谓的成功正是这些人的智慧和勤劳的结果。即便你的智力稍逊于别人，这个弱势也会在日积月累中因你的实干而得到弥补。

对勤奋刻苦的最好注解就是实干并且坚持下去。你若想做一个好的员工，就要像石匠一样，一次次地挥舞铁锤，努力把石头劈开。可能100次的努力和辛勤的捶打都没有什么明显的结果，可最后的一击石头终会裂开的。正是你前面不停地刻苦，才有了成功的那一刻。为了取得更好、更大的工作成就，不管是加薪还是提升，你必须不断地奋斗，而勤奋刻苦地训练专业技能尤其必要。倘若你是有志于工作的人，就应该每天问几遍自己："我勤奋吗？"

走向成功的坚实基础就是勤奋敬业的精神，它更如同一个助推器，把你推到上司面前。倘若有一天你得到了升迁，你应该自豪地对自己说："这都是因为我的刻苦努力。"

懒惰与之相反，它是成功的天敌。你可以问自己：我能否靠自己生存下去？认真地问自己，别给自己放宽条件。要是现在觉得你还无法做到，那么你必须不懈努力，勤奋刻苦，用自己的实干达到这样的目标。一旦你觉得要凭自己活下去，那么你就是一个有价值的人，但勤奋是唯一的办法。

勤奋是很多成功者的一个共同特点。投机取巧在这个世界上是走不出成功之路的，偷懒更是不可能会有出头之日的。

杨伟在一般人的眼里，一定算不上命运的宠儿。因为出身贫寒，他接受教育和获得科学知识的机会都很有限。但他是一个真正有着勤奋刻苦精神的小伙子。他在药店工作的时候，甚至把旧的平底锅、烧水壶和各种各样的瓶子都用来做实验，锲而不舍地追求着科学和真理。他后来出任了英国皇家学会的会长，以电化学创始人的身份。

每天，年轻的约翰·沃纳梅克都要徒步 4 公里到费城的一家书店里打工，每周的报酬是 1.25 美元，他勤奋刻苦的精神使人感动。他后来又转到一家制衣店工作，每周增加了 25 美分的工资。由于勤奋刻苦地工作，不断地向上攀登，他最终成了美国最大的商人之一。哈里森总统在 1889 年任命他为邮政总局局长。

即便你做着最卑微的劳动，只要你着手工作了，你的整个灵魂定会化为一种真实的和谐！疑虑、忧伤、懊悔、愤怒、失望等所有都将荡然无存，于是一切也就平和而安宁。

刻苦的工作是成功所必需的。作为一名普通的员工，你更应该相信，勤奋是检验成功的试金石。即便你天资一般，只要勤奋工作，自身的缺陷也能被弥补，最终成为一名成功者。

智者找助力，愚者找阻力

在生活中，大家也许会有这样的体会：假如你有一个苹果，我也有一个苹果，两人交换的结果每人仍然只有一个苹果。但是，假如你有一个设想，我有一个设想，两个交换的结果就可能是两个设想了。

没有人能独自成功。让更多的人帮助你成功，从中听取他人的建议，才是智慧的高度体现。

　　当今社会，个人能力倘若不与团队精神结合，必然无法产生理想的效益。理解万岁！先理解别人的不理解！最大的加法莫过于擅长把一种阻碍你的力量，变为支持你的力量。

　　无论你要成为一个优秀的员工，还是要成为一个成功的人，都记住这样一句话：智者找助力，愚者找阻力。任何人都不能独自成功。一种高超的社会智慧就是让更多的人帮助你成功。

　　任何人都想得到别人的重视和认可。愚蠢的人，只会一味地强调自己的重要，想以此获得别人的尊敬。但这就好比公鸡炫耀自己的尾巴，无法达到理想的效果。聪明的人刚好相反，他们总是先要使别人觉得重要，并最终因此赢得尊重。

　　曾经《福布斯》杂志上有过一篇《良好人际关系的一剂药方》的文章，其中有几点非常值得大家借鉴：

　　在语言里最重要的 5 个字是："我以你为荣！"

　　在语言里最重要的 4 个字是："您怎么看？"

　　在语言里最重要的 3 个字是："麻烦您。"

　　在语言里最重要的 2 个字是："谢谢。"

　　在语言里最重要的 1 个字是："你。"

　　那么，在语言里什么字最次要呢？是"我"。

　　要学着强化别人弱化自己，这样你在不久之后会发觉喜欢你和帮助你的人会越来越多。

　　此外，"理解万岁"是我们常说的，这是我们希望他人同情我们的呼唤。然而当别人还不理解你时，又该如何做呢？

　　"理解万岁"前先理解别人的"不理解"！"理解万岁"也应该从我做起。具体地说，应该遵循如下步骤来解决问题：

（1）对别人不理解的现实要能承认。

（2）对别人的不理解表示尊重，因为即便不理解也有它的合理性。

（3）尽可能了解别人为何不理解。

（4）采取让别人容易理解的方法，让他理解。

的确，在与人的交往中，不仅要让人理解自己，自己也要理解他人。不仅要理解别人，而且要理解别人的不理解，然后去争取别人的更大理解。

任何人都有需要他人帮助的时候，要是我们先成为一个能够帮助别人的人，别人也会帮助我们，这种帮助有时甚至是加倍的。

爱迪生，这个从未受过正规学校教育的穷苦孩子，对做实验搞发明很有兴趣。然而，因为家里穷，根本没有条件搞发明。爱迪生从 12 岁开始，因为生活所迫，就不得不到火车上卖报纸和食品，此后的几年更是背井离乡，四处流浪，生活饥寒交迫。

一次，爱迪生在经过铁路附近时突然发现，有一个小孩在铁轨上玩耍，而火车在不远处飞驰而来，孩子还浑然不知，情况非常危急。爱迪生毫不犹豫地跳了下去，救出了小孩。

他在事后才清楚，孩子是车站站长的儿子。爱迪生的命运，被这件偶然的事情彻底改变了：站长决定亲自教他发报技术，以此来感谢爱迪生。爱迪生勤奋好学，只用了 3 个月，他的收发报技术已经十分熟练了。爱迪生以后的发展，在这次意外的学习机会中打下了良好的基础，他在这以后走上了"世界发明之王"的道路。

这条法则，就是佛教文化中所讲的"行善可开运"。当自己在遭遇不顺的处境的时候，无私地向人奉献，常常会招来出乎意料的好运气。这个方法不引人重视，然而非常有效。

接受现实，是解决困难的第一步

毫无疑问，在前进的道路上总会遇到困难，如何面对困难是每个人都要面对的问题，少数人把困难看作一次机遇和挑战，他们往往在困难面前毫不犹豫地采取主动，这些人通常是成功者；而多数人只是被动逃避困难，即使是一个小小的问题也足以摧毁他的意志，面对困难，他很容易陷入一种无力的状态之中。

歌德，这个伟大的德国作家曾说过："能从绝望的处境中逃脱的人，必能学会坚强的意志，因此别只是一味地烦恼，应立即采取行动，使自己从绝望中逃出来，你要相信新的一天会带你到新的地方去。"

你认为"信心"是一种摸不到、不实在的东西吗？你认为它不能达到我们一再向你保证的那些目的吗？现在就给你一个活生生的例子，让你明白：靠着信心的力量，如何在百万分之一的求生概率之下解救一个人的生命。

1917 年 9 月，有一位水兵名叫威廉，他被大浪冲下甲板。他身上并未穿着救生衣。那时是凌晨 4 点，他置身茫茫大海，远离海岸。所有人都不知道他上了甲板，当他落水的那一刻，他清楚自己获救的机会几乎是零。然而，年轻的威廉并不惊慌失措，他脱下身上的粗棉布衣，同时在裤脚打结，让里头充满空气，把它当成是临时的救生圈。

他事后的追述中说，那时他力图镇定。他告诉自己："别担心未来。"他想，8 点集合时，他们就会发觉他不在船上，然后会派出救生艇出来搜救他，因为他们这条战舰的航行路线，与一般商船的路线是非常不一样的。

他异常的镇定，间或还试着把头靠在充气的棉布衣上休息。然而，波浪却不停地拍打着他，让他不能入睡。他的信心抑制了他心中的恐惧，他不停地暗自祈祷："主，请救救我吧！主，请救救我吧！"

然而，隔天早上，仍然看不到船只的影子，他开始有些消沉。因为受到海浪拍打，并喝了不少海水，他的身体变得非常虚弱。但是，他不曾失去信心，依然不断地祈祷："主啊，请你救救我吧！"

他在那天下午 3 点，也就是在他落水后的 11 个小时，被一艘叫"执行者"的美国货轮上的水手发现，大家都觉得十分吃惊。

然而，更让他们不可思议的是，船长说不出他为何要把船从平日的航线，更改为跟威廉服役的战舰交叉的航线。如果他们不这么做的话，他根本无法从原本在几百里外大洋中等候救援的威廉的身边经过。

威廉在被救上来的时候，精神还算不错。他一个人走上"执行者"的绳梯，而船上的水手都替他欢呼。

你在读过这篇报道后，还会不会怀疑"对那些满怀信心的人来说，没有不可能的事"这句话呢？

促使那位船长改变航线，将船航行到大洋中，把一个坚信自己信念的人救起来的，到底是什么力量呢？

心灵和精神影响所及的范围是无限的。你有多大的信心呢？读过这个故事后，你该会越加坚定吧。你可能没有机会在这种急迫的环境里，去测试自己的信心，所以，对于日常生活的琐事，你大可很轻易地去完成。如果能坚守信念，你在某些年后将会有所成就的。

而这种信心如果不是明确的，期望性的，毅然的，真诚的，就产生不出"特别的力量"，对你也就没有作用。

万一身陷险境，千万别期望能在某一时间内得到回应，因为在这段时间内上天是不会觉察到的。限定时间将让你感到紧张，你会怀疑自己能否及时得到援助。

你除了确信救援会及时来到以外，什么都不用做。威廉就是以这样的心态，以上天所给予的本能寻求挣脱命运束缚，进而获得"上天"提供的援助和指引，最后战胜了危难。

威廉在满怀信心，口中复诵"主，请救救我吧"时，对自己毫无怀疑。他一直深信自己将会被解救，而事实也的确是这样。

永远把心中的疑难摒除，因为"只要坚信，便能梦想成真"。

下面介绍三种摆脱困难的办法。

第一个困难的摆脱法：

真的是"永远存在"困难的吗？你可以先别给自己一个结论，把它往可能是暂时性方面想。可能你很幸运地在仔细考虑之后，发现那困难的确只是一个暂时现象，但倘若你始终无法找到有力的证据，那么索性别找现实中的证据了，用你的想象力反复对自己说"这一切总会过去",多重复几次你肯定会爬出第一种陷阱。

第二个困难的摆脱法:

是问题"无所不在",还是你把问题始终放在心里?别轻易成为问题的牺牲品。

换个角度,别再去想那个"无所不在"的困难,而把心思多用在解决问题上,可能那个"无所不在"的问题是个非常好解决的问题。

即便不能解决这个"无所不在"的问题,也不用时时刻刻把它挂在心上,因为这个问题最多只能影响你的一部分,要是它毁掉了你的全部生活,它的破坏力也是被你那个"无所不在"的想法助长的。

对你的整个生命来说,"无所不在"的问题只是个小问题,试着去解决,解决不了就丢掉它。

第三个困难的摆脱法:

有人在出了问题后大声叫道:"见鬼,我又出错了,一切都没错,错误的只是我!"

把一切问题全部揽在身上并不是一种美德,这种习惯的养成最初也许只是一次小小的错误由你而发生,于是使你产生这种"一切都因为我才……"的怀疑,接着你自己把这种怀疑变成一种反面的信念。你于是真的变为了一个失败者。

当出现第一个问题时,千万别让自己有机会产生这种"问题在我"的怀疑。

亿万富翁有一天也会破产,因此你不必为自己的有限储蓄不思进取,你每天都在进步而不是倒退是最可靠的保证。

最让人放心和欣慰的只有那种进取的生活。

一流的人找方法，末流的人找借口

找借口的员工，是单位里最不受欢迎的员工；找方法的员工，是单位里最受欢迎的员工，作为一个没有任何借口的，又寻求找方法的人，对自己的才能充满信心。

假定你是一位对自己的前途和命运负责的员工，相信这也一定是你最关心的问题之一。因为如果你不了解这一点，你在职场的发展就会受到非常大的制约，要走许多的弯路。如果你清楚了这一点，你就找到了快速发展的钥匙，大大提高了你成功的概率。

无论你下没下结论，希望下面的故事和观点，可以给你对这个问题的思考提供借鉴。

一位老总姓王，他讲述了自己的故事：

他10多年前在一家建筑材料公司做业务员。那时候公司最大的问题是怎样讨账。产品不错，销路也不错，然而产品销出去后，总是不能及时收到货款。

有一位买了公司10万元产品却总是以各种理由迟迟不肯付款的客户，公司派了三批人去讨账，都无法拿到货款。那时他刚到公司上班没多久，就和另外一位姓张的员工一起，被派去讨账。他们软磨硬磨，绞尽脑汁。最终，客户终于同意让他们过两天来拿钱。

两天后他们赶去，对方把一张10万元的现金支票给了他们。

他们兴高采烈地拿着支票到银行取钱，结果却被告知，账上只有 99920 元。显然，对方又耍了个手段，他们给的是一张不能兑现的支票。第二天就要放春节假了，要是不及时拿到钱，不知又要拖延多长时间。

一般人碰到这种情况，也许一筹莫展了。然而他突然灵机一动，于是拿出 100 元钱，让一起去的小张存到客户公司的账户里去。如此一来，账户里就有了 10 万元。他马上将支票兑了现。

当他把这 10 万元带回到公司时，董事长对他大加赞赏。他从此在公司不断发展，5 年之后成了公司的副总经理，后来成了总经理。

这个精彩的讨账故事，赢得了大家热烈的掌声。大家都对他凡事主动想办法的精神感到钦佩，而且一致认为：他能有今天的发展，和他这种精神密不可分。

另外一个老总讲的故事与此相反，但让大家从另一个角度对员工素质的问题进行了深刻的思考。

他说，他以前正式招聘过一位员工，可没想到，还未到半个月时间，他就不得不辞退了她。

那位员工是位女大学生，刚毕业，学识不错，形象也很好，可有一个明显的毛病：做事不认真，碰到问题老是找借口搪塞。

上班时起初大家对她印象还好。可没过几天，她就开始迟到，办公室领导多次向她提出，她老是找这样或那样的借口来解释。

一天，领导把她安排到北京大学送材料，要跑三个地方，结果她只跑了一个就回来了。领导问她原因，她解释说："北大好大啊！我都在传达室问了很多次，才问到一个地方。"

老总生气了："这三个单位在北大都很著名，你跑了一下午，怎么会光找到这一个单位呢？"

"我真的去找了，"她急着辩解，"不信你去问传达室的人！"

老总心里更生气了："我干吗去问传达室？你自己找不到单位，还叫老总去核实，这像话吗？"

另外的员工也好心地帮她出主意："你可以找北大的总机问一下三个单位的电话，然后分别联系，把具体怎么走问好再去；你不是把其中的一个单位找到了吗？你可以向他们询问其他两家怎么走；你还可以在进去以后，问老师和学生……"

没想到她毫不理会同事的好心，反而气鼓鼓地说："反正我已经尽力了……"

老总在这一刹那，下了辞退她的决心：既然这已经是你尽力之后达到的水平，想必你也很难有更高的水平了。那么只有一个办法，请你离开公司！

尽管许多人难以理解女孩的举动，但大家还是觉得，像这种遇到问题不是想办法解决而是找借口推诿的人，在职场中很多见。而他们的命运也显而易见——凡事找借口的员工，在单位是找不到市场的。

上面所说的两个员工，实际上代表着两种不同员工：前面的那位员工，即使遇到再棘手的问题，首先想到的绝不是退缩，而是想办法解决。与此相反，那位年轻的大学生，虽然面临的问题非常简单，可依旧找借口不去做，找理由为自己辩解。

找借口的人，不可能去主动想办法解决问题，即使有现成的办法摆在他面前，他也难以接受，这就是一流员工与末流员工的根本区别。

因此，在一个高级总裁班上，笔者对 100 多名学员做了一个调查。

第一个问题是："你们最不愿意接受哪一类员工？"

结果如下：

（1）不努力工作而找借口的员工；

（2）损公肥私的员工；

（3）太过斤斤计较的员工；

（4）华而不实的员工；

（5）不能忍受委屈的员工。

调查的第二个问题是："你们最喜欢什么样的员工？"

结果如下：

（1）未安排工作却能主动找事做的员工；

（2）通过找方法使业绩加倍提升的员工；

（3）从来不抱怨的员工；

（4）执行力强的员工；

（5）可以为单位提建设性意见的员工。

这一调查结果，使我们以前的结论进一步得到了证实：凡事找借口的员工，肯定是单位里最不受欢迎的员工。凡事主动找方法的员工，在单位中肯定是最受欢迎的金牌员工！

这让笔者想起了曾获美国职业篮球协会（NBA）最佳新秀奖的杰森·基德，他曾经讲述过一件小事，这件小事影响了他一生：

父亲在他小时候，经常带他去打保龄球。他打得不好，因此，他老是找各种理由。

有一天，父亲在他再一次为自己打得不好找借口时毫不客气地打断了他："别再找借口了。你打得不好，原因是你不练习，又不愿意总结方法。要是你好好做，你就不会这样讲了。"

这句话深深震动了他的心，此后一发现自己的缺点，他便想尽办法纠正。无论是打保龄球还是后来打篮球，有两点他都要求自己做到：第一，投入比别人更多的时间和精力去练习；第二，时刻总结经验教训，找出最好的方法提升。他成为最优秀的球员的原因也正是这两点。

笔者又回忆起在参观日本松下公司时，在标语牌上看见这样一段话：

如果你有智慧，请你贡献智慧；

如果你没有智慧，请你贡献汗水；

如果你两样都不贡献，请你离开公司。

我们可以从这里看出员工实际上可以分为三种：

（1）具有敬业精神并擅长找方法的员工。他们拥有并乐于奉献智慧，这份智慧肯定会给企业创造财富。毋庸置疑，这类员工，是最优秀的员工。

（2）敬业但是缺少方法的员工。他们也可以只能奉献汗水，这种员工单位需要，然而他们自身的发展不会太大。

（3）既不去找方法也不敬业的员工。他们啥都奉献不了，因此最后的结局只能是离开。

在此基础上，我做了如下总结：

一流员工既敬业也找方法；二流员工只敬业；末流员工找

如果你想获得最大限度的发展，毋庸置疑，你就应该力争做第一种员工。

一个人的成功，百分之七十靠人际沟通

人生活在这个世界上，要与周围环境发生各种各样的联系。人际关系的构成、范围、和谐的程度，是一个商人成功的重要条件。有人曾这样说过：一个人的成功，百分之三十靠他的知识和能力，百分之七十靠他的人际关系。

人际关系包括人与人之间的沟通，组织与组织之间的沟通，它离不开沟通。人与人之间的沟通又包括协调内部人际关系与构建外部人际关系。传播人如果要使沟通发挥最大的效能，最好采取支持性的态度，而别采取防卫性的态度。

沟通是我们生活中无法缺少的，因此有一个良好的沟通技能，对于我们的为人处世都有非常大的帮助。建立良好的人际网络，高超的沟通技能是必需的，这些需要我们在日常的生活中慢慢地锻炼。著名成功学大师卡耐基说过："所谓沟通就是同步，任何人都有他独特的地方，而与人交际则要求他同别人一致。"

在一次讲课中，卡耐基讲述了这样一件事：日本一位学者曾提出这样两个有趣的算法：5+5=10 和 5×5=25。这两个算式的意思是：假定有这么两个人，他们的能力都是5，这样，两个人的能力加起来则等于10。要是他们互不交往，或者虽有交往但没能坦诚面谈和交流，那么他们的能力一点都得不到提高，所谓5+5=10。要是他们交流信息，相互协作，便可能由于互相"感应"而产生思想"共振"，使两个思想重新组合而发挥出高于原来很多倍的效力来，好比 $5 \times 5=25$。

有一个关于交换苹果和交流思想的有名的比喻，它是由英国作家萧伯纳提出的：如果你有一个苹果，我也有一个苹果，若我们相互交换这个苹果，那么，你和我依旧是各有一个苹果。然而，倘若你有一种思想，我有另一种思想，而相互交流这些思想，那么，我们每个人都将有两种思想。

与人面谈，能帮助你摆脱原有视野的束缚，进入一个更自由的思想大地，在一定条件下还会因质的变化，使更多的新思想产生出来。

我们学习面谈的技巧，就是要追求这样的效果：产生出"新思想"，即 $5 \times 5=25$。

当今社会，彼此协作显得越来越重要，闭关自守、故步自封是没有出路的。社会是这样，个人也是这样。在日常生活中，我们常常有这样的体会，同样一件需要与别人商谈的事情，不同的人去面谈，结果有天壤之别。有的人不但达不到 5×5 的效果，甚至连 $5+5$ 都做不到。倘若成了 $5-5$，那就真让中国那句古话"成事不足，败事有余"应验了。

这绝非危言耸听。在日常生活中，任何人都可能碰到因"言不达意"而使人曲解、误解、招致烦恼，甚至结下怨仇的事情。在社交场合中，你可能因为无法随机应变和出语不敏而被弄得丑态百出。

比方说，你不能及时察觉到面谈对象心绪不宁，而自己一直喋喋不休，这时你的"金玉良言"只能得到 $5-5$ 的效果了。

再比方说，你出言不慎，误触对方的伤心处，而你还自鸣得意，面谈的结果可想而知会是怎样的一番境况。

记得很多年前纽约一位企业家说，在大学读书时他就发现，倘若这一生真要出人头地，一定要学会沟通，尤其是向很多的人讲话，因此他参加了卡耐基训练，而他学的是化学。

实际上我们中有很多人有这种体会，在求职时，主考官对我们的印象往往是决定录取与否的关键。而且职位越高，比方说应征经理、总经理的时候，印象更重要，而这印象的重要组成部分就是我们的沟通能力。

在工作、事业发展方面，只有得到别人的支持、合作，我们才会成功。如何才能得到他人由衷的合作呢？那就要靠和上司、客户的沟通能力。婚姻生活更是这样，从交朋友到谈恋爱，到婚后的家庭生活，以至后来的亲子关系，沟通都是不可或缺的。

三分勇气，七分准备

古往今来，凡是办得好的事、办得成功的事，无一不是在周密的策划和充足的勇气之后完成的。没有预先策划而莽撞办事的人，即使偶尔得利，最终也得不到自己想要的结果。

美国百万富翁罗杰和桃乐丝夫妇的发迹就是由一次周密的策划开始的。

罗杰在第二次世界大战前是一名推销经理，妻子是一名时装模特儿。罗杰在第二次世界大战时应征入伍，在服役中受伤，在海军医院疗养了一些时间。

在疗养期间，他用做皮革加工来打发时间。罗杰和桃乐丝，不管是任何一个，做梦都没想到他们往后的一生居然被这件事决定了。

罗杰在二次大战结束后回到故乡，恢复平民生活的某一天晚上，桃乐丝的一位朋友来他们家做客（这时候他们住在纽约）。

茶余饭后，大家闲谈了一段时间以后，这位女士得意地把新买的手提包展示给他们看并说道："这玩意儿用掉了我50美金。"

罗杰听完以后，就把那只皮包拿过来，翻来覆去地观察了一遍以后说："太贵了！这种货色我用15美元就能帮你做出来。"

第二天，为证明自己并非吹牛，罗杰立刻出门去把一套工具和上等牛皮买了回来。

罗杰一回到家便马上跪在地上开始剪裁、缝制，不久，手提包就做好了。其手工之精致，让桃乐丝看到以后爱不释手！罗杰看太太高兴，自己也非常高兴。在高兴之余，他脑中忽然电光一闪：既然自己具备技术方面的知识，又有推销经验，在时装界桃乐丝又有很多熟人，自己为什么不向皮革制造业发展呢？

于是他和桃乐丝商量了一下自己的想法，桃乐丝也认为这个主意不错，因此二人联手，决心展开行动。一个创业就这样策划形成了。

他们起初在自己只有三个房间的公寓中把样品（为拿去给买主看的）制造出来，桃乐丝负责设计，罗杰负责制作，二人忙得不亦乐乎！

可他们都明白还有一个最大的问题没有解决——那就是该怎样获得订单，如果没有订单，再好的创意也只是枉然。

罗杰把样品夹在腋下，不辞劳苦地走遍纽约大商店。然而因为他们年轻，名气又不大，因此不断遭受拒绝。

可罗杰并没有气馁，他总是给自己打气，鼓励自己继续尝试其他的机会。

终于，他遇到了纽约著名商店"苏克斯"的供应商。这位供应商一看到罗杰带来的样品就非常欣赏，他表示罗杰能做多少，他就愿意购买多少。

于是罗杰他们小小的公寓房里每天晚上都大放光明。为了应付订单，他们夫妻俩通宵达旦地工作着，满地都是散着的皮革与工具，两个孩子穿梭其间玩耍，这时候，家庭已变成了工厂。那段日子他们确实过得非常艰辛，夫妇俩不仅要维持生计，还要照顾两个孩子，极其劳累。直到今天，他们辛勤工作的痕迹，依旧留在他们当时居住的寓所的地板上。

转眼间，两三个月就过去了，他们所收到的订单越来越多。

罗杰把车库上的阁楼租下了，然后和太太二人继续在那儿努力工作。桃乐丝后来又设计出一种适用于小孩的沙袋型手提袋，她的创意被送去了 Look 这个全国性杂志的编辑部。其中一位编辑对她的创意十分感兴趣，并且还以这个为主题写了一篇专题报道，也把罗杰与桃乐丝的奋斗史附带地介绍了一下。

他们因为这篇刊登在全国杂志上的文章而一夜之间声名大噪，在非常短的时间内便卖出 100 万个手提袋。

他们在这之后便踏上了平坦大道，纽约和洛杉矶都设有他们的工厂，所雇员工达 140 名，工厂制作的产品向全国主要商店交货。

因为产品畅销，罗杰与桃乐丝在 30 岁出头那一年就赚取了人生中第一个 100 万美元。

在海军医院疗养期间所得到的某种创意就这样终于发展成一番大事业，而他们的事业会因他们二人的积极、智慧及高度耐力而继续蓬勃发展下去。

从上面的例子中我们不难看出，对于一件事情的成功来讲，策划具有多大的重要性。因此，我们不管做什么事，都不能把自身的勇气和预先的准备忽视掉。

分清轻重，把力气使在关键处

工作没有条理，同时又想把蛋糕做大的人，总会感到手忙脚乱。他们认为，或许人多，事情就可以办好了。其实，他们所缺少的，不是更多的人，而是使工作更有条理、更有效率。由于他们办事不得当，工作没有计划、缺乏条理，因而浪费了大量员工的精力，不但出力不讨好，而且最后还是无所成就。

一位企业家曾谈起了他遇到的两种人：

有个性急的人，无论你在何时遇见他，他的样子都是风风火火的。倘若要和他谈话，他只可以拿出数秒钟的时间，时间一长，他会伸手把表看了又看，暗示他的时间非常紧张。他公司的业务尽管做得很大，然而开销更大。究其原因，主要是他的工作被安排得乱七八糟，一点秩序都没有。他做起事来，也往往被杂乱的东西阻碍。结果他的事务变得一团糟，他的办公桌简直就是一个垃圾堆。他常常非常忙碌，从未有时间来整理自己的东西，即使有时间，他也不懂得如何去整理、安放。

与上述那个人刚好相反的是另外一个人。他从来不表现出忙碌的样子，做事十分镇静，老是非常平静祥和。不管别人有什么难事和他商谈，他总是彬彬有礼。所有在他公司里的员工都寂静无声地埋头苦干，各样东西都有条不紊地安放着，各种事务也安排得恰到好处。他每晚都要整理自己的办公桌，对于重要的信件马上回复，并且把信件整理得有条不紊。因此，虽然他经营的规模要大过前面那个商人，可别人从外表上总无法看出他有一丝一毫的慌乱。他那富有条理、讲求秩序的作风，使全公司受到影响。于是，他的每一个员工，做起事来也都相当有秩序，一幅生机盎然的景象。

你若工作有秩序，处理事务井井有条，在办公室里肯定不会浪费时间，不会扰乱自己的神志，办事效率也相当高。从这个角度来看，你的时间必然非常充足，你的事业也一定可以按照预定的计划去进行。

一盘珍珠，旁边有一根线，如何才能把更多的珍珠拿起呢？一个人赶快捧了一大把，举了起来，另一个人不慌不忙地拿起线，一颗接着一颗地穿，线十分长，许多珍珠被串了起来，而且容易携带和保存。

同样的道理对工作也适用，工作有计划，有条理，才能井井有条地进行；一盘散沙，将无法分清轻重，不知什么时候才能完成。

写下具体的工作任务

在对时间的支配上能够体现工作的计划性，首先工作任务要明确。许多时候管理权威都指出：要是能把自己的工作内容清楚地写出来，便是很好地对自我进行了管理，就会使工作条理化，所以会极大程度地使个人的能力提高。

使自己工作明确化的最简单的方法之一是填写工作清单，其方法是在一张纸上首先试着毫不遗漏地把你正在做的工作写出来。但凡自己必须干的工作，且别管它的重要性和顺序如何，一项也不漏地逐项排列起来，接着按这些工作的重要程度重新列表。重新列表的时候，要试问自己："要是我只能干此表当中的一项工作，哪一件应该首先干呢？"然后再问自己："然后，我该干什么呢？"用这种方法一直问到最后就可以了。这样，自然就按照重要性的顺序把自己的工作顺序列出来了。其后，对你所要做的每一项工作，写上该如何做，并按照以前的经验，在每项工作上把你觉得最合理最有效的办法注明。

为了让工作变得有条理，不但要明确你的工作是什么，还要明确每年、每季、每月、每周、每日的工作及工作进度，并通过有条不紊的连续工作，来保证依照正常速度执行任务。

相反，只有把自己的工作是什么加以明确，才能认识自己工作的全貌，从全局着眼观察整个工作，避免每天陷到杂乱的事务里面。

只有把办事的目的明确了，才能正确掂量个别工作之间的不一样的分量，把工作的主要目标在哪里弄清，避免眉毛胡子一把抓，不仅虚耗了时间，又无法把事情办好。

定一个工作顺序表

在罗树辉看来，时间好似一朵儿长在人们心中的百合。为了督促你执行工作，使你的"时间百合"不会枯萎，你可以在工作开始以前，审慎地把工作进度表制订出来。

"凡事预则立。"要是你能制订一个高明的工作进度表，你肯定能真正掌握时间，在限期之内把老板交付的工作出色地完成，并在把职责尽到的同时，兼顾效率、经济和和谐。正像一位成功的职场人士所说："你应该在一天中最有效的时间以前订一个计划，只不过20分钟就可以节省1个小时的工作时间，把一些必须做的事情牢牢记住。"

总而言之，谁擅长利用时间，谁的时间就会成为"超值时间"。对一名员工来说，当你可以高效率地利用时间时，你对时间就会获得全新的认识，懂得一秒钟的价值，算出一分钟时间到底能做多少事。这个时候，如果再担心无法被老板赏识，就是杞人忧天了。

你要明白，任何人做事的时间和精力都不是无限的，不制订一个顺序表，你就会对大量事务手足无措。要正确地把这个问题处理好，需要根据目标，把所要做的事情排列顺序。对你实现目标有帮助的，你就把它放在前面，依次为之，把所有的事情排一个顺序，并把它记在一张纸上，一张顺序表就这样写成了。养成这样一个好习惯，会让你每做一件事，都朝你的目标更近了一步。

按事情的轻重缓急去做

用什么标准来决定做事情的优先顺序呢？很多人都是以工作的紧急性来确定，他们都是优先把对现在的目标来说最紧急的事情解决了。但是，除了紧急性外，事情还有重要性，而我们常常都会专注于事情的紧急性，而把一些重要的事情忽略了。比如，某个正为了一年后的司法考试努力念书的人，为了赶赠品的截止时期，而特地把赠品明信片拿到邮局寄。司法考试还在一年以后，而明信片的截止日就在明天。在这种情况下，大部分人都会优先处理较紧急的明信片。

把工作的重点抓住。只要勤于研究，你就会发觉，成功的人都已经培养出了一种习惯，那就是把那些最能影响他们工作的重要因素找出来。如此一来，他们与常人比起来会工作得更为轻松愉快。因为他们已经掌握了秘诀，懂得怎样从不重要的事务中抽出重要的部分来，所以，做事情的时候，他们常常事半功倍。

黄军就是一个擅长发现工作重点的人。在担任北欧航联下属一家旅游公司市场调研部主管和公关部经理的时候，黄军很快就把各项业务熟悉了，把握并解决了经营中的主要问题。针对旅游中机票过于昂贵，游客相对少，而航联公司的飞机又有大量空座的情况，向公司提议制订了分时机票价格，把机票平均价格大大降低了，吸引了很多旅客，还保住了航联公司的资源。使这家规模只有中等的导游机构在两年后就已发展成瑞典第一流的旅游公司。

若想在工作中达成你的主要目标，就应学会分清轻重，把力气使在关键处，从而产生"好钢用在刀刃上"的效果，把困难的束缚摆脱掉，优先处理重要的事情。一位任职于外企的女性这样比喻她的工作方法：如果有一盆水，既要把大石头放进里面，又要把小石头放进里面，如何才能放进更多呢？当然是先放进大石头，再在空隙当中把小石头放进去。工作的效率因此而生。你先把当天最重要的事情处理完，就等于把大石头放进了水里。用其余零碎的时间，也能把次重要和不太重要的事情做完。如此一天下来，你会发觉，原来我今天把这么多事情处理完了呢！自己心里也不是挺美的嘛！

不要太匆忙，忙乱中易于出差错

在工作中，有很多人总是低头做事，他们匆忙如大自然中的蚂蚁，却没有多少实质性的收获，对他们来说，草率行事，冒冒失失是自己最好的写照！

冒失是一种轻率的表现，指的是对每件事情都无法深思熟虑，只凭一时冲动匆忙把决定做出，有时不计后果。冒失的人懒于思考，轻举妄动，为了把由动机斗争带来的内心痛苦和紧张情绪迅速摆脱掉，他们没有考虑主、客观条件和后果就贸然抉择，草率行事；他们生活节奏快，做事匆忙，常常一件事还没干完又去干另一件事，或几件事同时干。

巴尔塔沙·葛拉西安，这位西班牙的智慧大师曾告诫我们：做所有事情都不要太匆忙，忙乱中易于出差错；也别太轻率大意，别急于发表态度或意见。

别匆忙急促，有些事情不能够不问清楚，不搞明白。凡事预则立，不预则废。一个人只有懂得怎样安排工作，怎样把一个高明的工作进度表制订好，才能高效率地办事，在短期内出色地把老板交付的工作完成。

举一个在营销工作里的实例：新品上市的初级阶段，开拓市场寻找经销商是一件十分重要的工作，但面对一个陌生的城市和市场，你会如何去办呢？你是下车后匆忙急于到处走街串巷，还是在调查以后制订拜访计划以及合理路线？

每个城市都有几百个经销商，去拜访每个客户绝不可能。经验丰富的营销人员会重点拜访挑选出的客户中 20% 有意向、有网络和实力的经销商，花 80% 的时间沟通 20% 的重点客户。

与此同时，为了不把那些潜在经销商放弃，对于经营相关产品的小经销商，则只需要简单地散发新品招商资料就行了。

无论从事何种工作，事先的调查和分析都会对你找到实现目标的最佳方案有帮助，好的钟表行走非常规律，不快也不慢。有智慧的人做事绝不匆忙，也不拖沓；不莽撞，也不踌躇。他做事总是井井有条，不慌不忙，没有积压，更不会拖延。

他们并非一有想法就立刻去做，等发现偏差再去调整，而是起初就想好如何做，把所有事情都想好、理清。因为缺少时间而赶着把事情做完的人，往往事后要花更多的时间把第一次未做好的事情做好。要是真的没有时间做好、做完每件事，那就做完最重要的事。

一些人觉得做事不匆忙是一件非常容易的事情，只需要每次做事的时候注意一下就可以了，实际上一个人做事不慌不忙是一种习惯，你会发觉一个做事匆忙的人做任何事情都是冒冒失失的，他们是靠着自己的直觉在做事。要想把做事匆忙的缺点改掉，首先就要在做任何一件事情时把计划和目标制订好，而且形成习惯。

有这样一个广泛流传的管理故事：一群伐木工人走到一片树林里面，开始清除矮灌木。当他们费尽千辛万苦，好不容易把一片灌木林清除完后，直起腰来打算享受一下完成了一项艰苦工作后的乐趣时，却猛然发觉，需要他们去清除的，不是这片树林，而是旁边那片树林！有多少人在工作中，就好像这些砍伐矮灌木的工人，往往只是埋头砍伐矮灌木，甚至没有意识到要砍的并不是自己需要砍伐的那片树林。

这种看起来忙忙碌碌，最终却发觉自己背道而驰的情况十分令人沮丧，这也是很多效率低下，不懂得卓越工作方法的人最容易犯的错误，他们大量的时间和精力，常常浪费在一些没有用的事情上。

每一项行动都必定要有目标，并有达到目标的计划。早上开始工作的时候，要是并不清楚当天有什么样的工作要去做，就很容易如同上面的伐木工人一般，把时间浪费在不该做的事情上。没有目标，就绝不能有切实的行动，更不可能获得实际的结果。有目标才能使干扰减少，把自己的精力放在最重要的事情上。对于优秀员工来说，每天进办公室的第一件事就应该是把当天的工作计划好。

一位钢铁工人曾给我讲过这样一个故事：他的领班有一天交班以后，问他的生产科长这一班次今天生产了几吨，科长告诉领班说5吨，就写了个"5"字在地上，并且留下一支粉笔。

晚班的领班看见地上的"5"字，就问这是啥意思。有位工人说："据说这是日班生产的吨数。""5"在第二天被改写成了"6"。竞争开始了，每天数字都在增加，后来有一个班次生产的钢材竟然达到了9吨，这以后该厂的班次生产量从未回落到"5"过。

这即是说，无论做什么事情，我们一开始就应该有自己的终极目标，一开始就清楚自己的目的地在何处，也清楚自己现在在哪里。要是你能做到这一点，那么你始终在朝着自己的目标前进，你迈出的每一步方向都是正确的，无论哪一天干哪一件事都不会违背你为之确定的最重要的标准，你做的任何一件事都将为最终目标做出有意义的贡献。

要是你在一开始的时候心中就怀有最终目标，就会锻炼出与众不同的眼界，它使你不再把眼界局限在某一具体事情上，多一些理性的严谨，少投入一些感情，事事往简单处归。它会使你把一种良好的工作方法慢慢形成，同时把一种理性的判断规则和工作习惯养成。

在做事以前就清楚地了解自己要达到一个怎样的目的，这是成功人士最明显的特征，明白为了达到这样的目的，什么事是必需的，什么事常常看上去必不可少，其实是无足轻重的。他们往往在一开始时就怀有最终目标，所以总是可以事半功倍，可以卓越而高效。

成功人士不仅在一开始时就怀有终极目标，而且他们的目标都十分具体，他们列"工作表"，而不是订"进度表"，会把比较大或长期的工作拆散开来，分成几个小事项。他们常常用长跑中的"分段法"，把很长的距离分成几个小段，任何一段都有一个标志性的事物，它可以是一份报告的完成，也可以是设计图的完工，哪怕只是增添了一种花在后花园，也是在成功路上把脚印留了下来。

制订计划的周期对于大多数员工而言可定为一个月，但应把工作计划分解为周计划与日计划。每个工作日结束的前半个小时，先把当日计划的完成情况盘点一下，并把第二天计划内容的工作思路与方法整理一下。

一定得注意的是，在制订日工作计划时，必须考虑计划的弹性。不能把计划制定在能力所能达到的100%，而应当制定在能力可能达到的80%，这是由商业的工作性质决定的，因为，任何员工每天都会遇到一些无法预料的情况，还有上级交办的临时任务。

要是你每天的计划都是100%，那么，在你没有把任务完成之时，就必然会在第二天挤占你已经制订好的工作计划，原计划就必定得延期了。这样必将使下一天乃至当月的整个工作计划受到影响，从而陷到明日复明日的被动局面中去。你的计划久而久之就没有了严肃性，你就会让你的上级觉得你不是一个很精干的员工。

不要让时间来支配你，而是你去支配时间

严格地限制时间，反而能使精神集中，更有助于解决问题。不要让时间来支配你，而应该是你去支配时间。

下面的方法在进行时间管理时要注意掌握：

一、减少无谓的时间浪费

要是你仔细把一天的生活分析一下，将会发觉无谓的时间浪费远超过自己的想象。不管工商人士、学生还是家庭主妇，平均每天要把清醒时间16小时的1/4浪费掉，也有人浪费了清醒时间的50%，甚至高达90%！那么，怎样才能把这种无谓的浪费减少呢？

首先，要把无意义的思考及行动的习惯改掉。要是你任由时间流逝，无所事事，那么，一天、一个月甚至一年，都将一事无成。以快要参加会考的学生做例子，他们常每天摆出苦读的架势，其实却什么也没念，等到会考接近的时候，才想临时抱佛脚，然而已经来不及了。像这样的例子屡见不鲜，应当引起警惕。

狄伯诺，这位曾经引起"水平思考"风潮的心理学者最近提出了"五分钟思考法"，呼吁大家不管遇到什么事情，别花费太多时间去思考，只要用五分钟来冷静考虑就行，而这五分钟的分配情形如下所示：

◇最初一分钟——把目标及课题决定下来；

◇次两分钟——思考的扩张及探求；

◇最后两分钟——整理思绪，把结论定出。

再以担任经营顾问的王先生作为例子，他在写计划案时必然会测量时间，要是中途思路受阻，就立刻换另一个案子来写——这种方法和五分钟思考法有异曲同工之妙，都可以有效地避免时间的浪费。

最近日立电器及许多民间企业都设定了"不举行会议日"。因为倘若不停地开会，更容易出现许多不必要的会议，导致时间的浪费。

减少时间浪费的有效方法之一，是在一周里定一天或两天为"不开会日"，要是不这样硬性规定，就很难使时间管理的功效得到发挥。

二、根据工作性质安排时间

只要仔细观察与分析，总可以发现一些时间安排的规律。

比方说通常上午 9 点到 11 点，是客户电话比较多的时候，除了特殊情况以外，尽量别在这段时间里组织召开一些部门的内部会议，最好把安排工作的会议放到下午下班之前的半个小时。清楚自己和周围同事的生理时钟，对于节省时间、提高工作效率同样非常有好处。

三、断然击退盗取时间者

很多人的周围潜伏着不计其数的"盗取时间者"，它们从各种渠道侵入，把这些人宝贵的时间夺走。比如预定外的访客、突然被分派的工作、长时间的演说、电话推销、朋友往来、没有意义的工作、得不到要领的指示或报告、错误的指示或报告、任意改变行动方针、无谓且难以理解的文书、无意义的长时间说明、同事间的闲谈、没有在预定时间内结束的会议、长时间的电话，等等。这类"盗取时间者"也在自己身上存在，例如：犹豫不决、没有善尽责任、毫无计划的行动、完美主义、过多的工作、不注意、不正确、没效率、顾忌过多，等等，除此之外，还包括一些没意义的饶舌及时间非常长的电话。

应断然地击退这类"盗取时间者"。下面是可以采取的方法：

◇要是接到预料外的电话或来客，应适度地拒绝，或尽快明白其来意，再判断有没有继续洽谈的必要。

◇对于上司的指示，应确定自己清楚其内容，并表达自己的意见，如果觉得是没有意义的工作，应当场婉拒，别默默接受，不然，容易导致时间浪费及精神不愉快的后果。

◇在长时间的会议或演说中，应该严肃地请那些喋喋不休、

你只是看起来很努力

言不达义的发言人在几分钟内结束谈话，不然他根本不了解你的感受及时间的宝贵。

◇使用避免对方喋喋不休的关键言辞，例如"简单地说，你想表达什么呢？""你的结论是什么？"请你简明扼要地说……""你现在说的，管理者都早就清楚了"，等等。

◇避免冗长电话的办法，除了上述方法以外，还可以准备计时器、事前把谈话内容整理好、先讲结论等。

◇对某些事物适度重视，不要求尽善尽美，而应以 60 分至 80 分的标准来尽快做决定。

◇一次就下决定，别犹豫不决。

◇事先把计划订立好。

◇把文书全部在一张纸上写好。

◇明确表示"可"或"不可"。

◇倘若是管理者，应积极地委托给部下部分权限。

四、克服拖延

罗马哲学家赛涅卡指出："拖延、期待和依赖将来是时间的最大损失。"英国诗人爱德华·扬也曾大声疾呼："拖延是把光阴偷走的贼。"在平日里要锻炼提高自制能力、克服懒惰的习惯，做到今日事今日做完。要是没有按时完成任务，一定要多付出一些努力把事情做完，不能把拖延的习惯养成。要是工作出现拖延，要给自己一些惩罚；要是提前完成节省了时间，则要给自己一些奖励。也可以请别人严格监督执行，通过这种办法能慢慢把拖延的毛病克服。

五、增加时间利用率

工作时间的空当，比方说与人会面前后，都会存在非常多空当时间，日积月累，这些时间也许长达几十甚至几百小时，所以必须把这些时间有效地运用好。这类"空当时间"大致可分为三种：前段空当时间、中段空当时间和后段空当时间。

和人约会、参加集会、出席会议、观看戏剧或运动竞赛的时候，应在约定时间前半小时到一小时里到达目的地，而这段时间，就是所说的"前段空当时间"。提前到达时，可到咖啡厅或另外一些安静的休闲场所，做一些工作上的准备、处理杂务、看看书、思考新构想等，这样活用时间的好处如下：

◇提早出门，万一碰到交通拥挤等状况的时候，仍可以在约定时间前到达目的地，不会产生让对方空等的尴尬。

◇提早到达目的地，心情将较为悠闲轻松，而能自在地利用前段空当时间。

"后段空当时间"指的是在预定时刻前完成某项工作而出现的空闲时间。比方说与人会谈时若言不及义、喋喋不休，时间再多也是浪费，要是可以把握谈话要领，言谈简要切题，就能把预定的会议时间节省半小时至一小时，而节省下来的时间，就成为自己的时间，能够自由有效地运用。

前、后段空当时间的产生都是在有意识的计划下，而中段空当时间却常常是偶然发生的。许多人中段空当时，常由于事情还没告一段落，情绪不稳，以致白白浪费了这些时间，所以，现在建议大家，可把这段时间用来作情绪上的调整，或思考新的构想等。

上述利用空当时间法，最重要的观念是：要是能把这种正确想法建立，身体力行，必能将时间做出有效的分配，把一些有意义的工作完成。

六、运用现代管理工具

利用电脑、信息管理系统能把时间的利用效率提高。可要是使用不当，也会造成浪费、影响效率。现在网上漫游成已为办公室人员浪费时间的主要形式之一。互联网上有趣的东西无所不有，新闻、游戏、图片、动漫等等，鼠标指针的"小手"会拉着你轻松地漫游世界。时间在你不注意时已经悄悄地溜走了。所以在工作时间，上网要有明确的目标，要使网络的利用率提高，不能让你的时间和精力因网上漫游的习惯而浪费。

七、拨快你的时钟

统计表明，每年联邦德国有 2.35 亿次查询电话的时间。人们为了保证自己时钟的准确性，常常要使用电话查询功能。有的人为了防止耽误时间，将自己的手表拨快几分钟，如此一来自然而然地加快了节奏，挤出了很多时间。

Part 3

别在该吃苦的年纪，选择安逸

年轻，不要选择安逸，因为那不是我们该拥有的东西。在你经历过风吹雨打之后，也许会伤痕累累但是当雨后的第一缕阳光投射到你那苍白、憔悴的脸庞时，你应该欣喜若狂，并不是因为阳光的温暖，而是在苦了心志、劳了筋骨、饿了体肤之后，你毅然站立在前进的路上，做着坚韧上进的自己。

其实你现在在哪里，并不是那么重要。只要你有一颗永远向上的心，你终究会找到那个属于自己的方向。

每天勤奋一点点，结果就大不一样

　　"每天多勤奋一点点"在所有的工作中都会产生好的效果。如果你更加勤奋，你的士气就会高涨，而你与同伴的合作就会取得非凡的成绩。要取得突出成就，你必须比那些取得中等成就的人多一把努力，学会更加勤奋吧。

　　著名投资专家约翰·坦普尔顿通过大量的观察研究，得出了一条很重要的定律："多勤奋一点点。"他指出，中等成就的人与突出成就的人所做的工作量并没有很大差别，如果一定要量化，那么可能只是"勤奋一点点"的区别。

　　约翰·坦普尔顿首先把这一定律运用于他在耶鲁的经历。坦普尔顿决心使自己的作业不是95%而是99%的正确。结果呢？他在大学三年级就进入了美国大学生联谊会，并被选为耶鲁分会的主席，而且得到了罗兹奖学金。

　　在商业领域，坦普尔顿把"多勤奋一点点"进一步引申，他逐渐认识到只多那么一点儿努力就会得到更好的结果。那些更加努力的人，那些在工作上投入了17盎司而不是16盎司的人，得到的份额远大于这一盎司应得的份额。

　　"多勤奋一点点"可以运用到所有的领域。实际上，它是你走向成功的普遍规律。例如，把它运用到高中足球队，你就会发现，那些多做了一点努力，多练习了一点的小伙子成了球星，他们在赢得比赛的过程中起到了关键性的作用。他们得到了球迷的支持和教练的青睐。而所有这些只是因为他们比队友多做了那么一点。

在商业界，在艺术界，在体育界等所有的领域，那些最知名的、最出类拔萃的人与其他人的区别在哪里呢？

答案就是多努力、多勤奋那么一点儿。"多勤奋一点点"——谁能使自己多加一盎司，谁就能得到千倍的回报。

你没有义务做自己职责范围以外的事，但是你可以选择自愿去做，来驱策自己快速前进。率先主动是一种极珍贵、备受看重的素养，它能使人变得更加敏捷，更加积极。无论你是管理者，还是普通职员，"多勤奋一点点"的工作态度都能使你从竞争中脱颖而出。你的老板、委托人和顾客会关注你、信赖你，从而给你更多的机会。

每天多做一点工作也许会占用你的时间，但是，你的行为会使你赢得良好的声誉，并增加他人对你的需要。

卡洛·道尼斯先生最初为杜兰特工作时，职务很低，但现在他已担任杜兰特下属一家公司的总裁，成为杜兰特先生的左膀右臂。之所以能如此快速地升迁，秘密就在于"多勤奋一点点"。

有人曾经拜访道尼斯先生，并且询问其成功的诀窍。他平静而简短地道出了个中缘由：

"50年前，我开始踏入社会谋生，在一家五金店找到了一份工作，每年才挣75美元。有一天，一位顾客买了一大批货物，有铲子、钳子、马鞍、盘子、水桶、箩筐等。这位顾客过几天就要结婚了，提前购买一些生活和劳动用具是当地的一种习俗。货物堆放在独轮车上，装了满满一车，骡子拉起来也有些吃力。送货并非我的职责，而完全是出于自愿——我为自己能运送如此沉重的货物而感到自豪。

"一开始一切都很顺利，但是，车轮一不小心陷进了一个不深不浅的泥潭里，即便我使尽吃奶的劲儿也推不动。这时一位心地善良的商人驾着马车路过，用他的马拖起我的独轮车和货物，并且帮我将货物送到顾客家里。在向顾客交付货物时，我仔细清点货物的数目，一直到很晚才推着空车艰难地返回商店。我为自己的所作所为感到高兴，但是，老板却并没有因为我的额外工作而称赞我。

"第二天，那位商人将我叫去，告诉我说，他发现我工作十分努力，热情很高，尤其注意到我卸货时清点物品数目的细心和专注。因此，他愿意为我提供一个年薪 500 美元的职位。我接受了这份工作，并且从此走上了致富之路。"

有几十种甚至更多的理由可以解释，你为什么应该养成"每天多勤奋一点点"的好习惯——尽管事实上很少有人这样做。其中两个原因是最重要的：

第一，在建立了"每天多勤奋一点点"的好习惯之后，与四周那些尚未养成这种习惯的人相比，你已经具有优势。这种习惯使你无论从事什么行业，都会有更多的人指名道姓地要求你提供服务。

第二，如果你希望将自己的右臂锻炼得更强壮，唯一的途径就是利用它来做最艰苦的工作。相反，如果长期不使用你的右臂，让它养尊处优，结果就会使它变得更虚弱甚至萎缩。

身处困境而拼搏能够产生巨大的力量，这是人生永恒不变的法则。如果你能比分内的工作多做一点，那么，不仅能彰显自己勤奋的美德，而且能发展出一种超凡的技巧与能力，使自己具有更强大的生存力量，从而摆脱困境。

社会在发展，公司在成长，个人的职责范围也随之扩大。不要总是以"这不是我分内的工作"为由来逃避责任，当额外的工作分配到你头上时，不妨视之为一种机遇。

提前上班，别以为没人注意到，老板可是睁大眼睛在瞧着呢！如果能提早一点到公司，就说明你十分重视这份工作。每天提前一点到达，可以先对一天的工作做个规划，当别人还在考虑当天该做什么时，你已经走在别人前面了。

在工作中，很多时候都需要我们"每天多勤奋一点点"。每天勤奋一点，工作就可能大不一样。尽职尽责完成自己工作的人，最多只能算是称职的员工。如果在自己的工作中再"多勤奋一点点"，你就可能成为优秀的员工。

敢于向"不可能完成"的工作挑战

每一位领导心目中的理想员工都是有奋斗进取精神、迎着工作压力勇于向高难度工作挑战的人。而能够正确面对压力，通过积极的努力，化压力为动力，最终出色完成任务的员工，将会在同事中脱颖而出，得到企业和社会的高度认可。

有位哲学家曾经说过："一个人的命运被一个人的思想决定。"职场之中，许多人如你一样，尽管颇有才学，具备各种获得领导赏识的能力，但是却有个致命弱点：缺乏挑战的勇气，只愿在职场中做谨小慎微的"安全专家"。对一些不时出现异常困难的工作，不敢主动发起"进攻"，而是一躲再躲，恨不得躲到天涯海角去。

没有勇气挑战高难度的工作，是对自己潜能的画地为牢，只能让自己无限的潜能化成有限的成就。与此同时，无知的认识会减弱你的天赋，因为你如同懦夫般的所作所为，配不上这样的能力。

在描述自己心目中的理想员工时，一位领导说："我们所急需的人才，是有奋斗进取精神，敢于向'不可能完成'的工作挑战的人。"具有讽刺意味的是，世界上处处都是谨小慎微、安于现状、害怕未知与挑战的人，而敢于向"不可能完成"的工作挑战的员工，好比是稀有动物，永远供不应求，在人才市场中始终是"短手货"。

要是你不敢向"不可能完成"的工作挑战，那么，你永远不要奢望在与"职场勇士"的竞争中得到领导的器重。当你万分羡慕那些有着出色表现的同事，羡慕他们得到领导垂青并被委以重任时，你必须明白，他们的成功绝非偶然。

在多数员工的心中，他们渴望成功，渴望与领导走得近一些、再近一些。要是你也在其列，那么当一件人人看似"不可能完成"的艰难工作摆在你面前时，别抱着"避之唯恐不及"的态度，更不要花过多的时间去设想最糟糕的结局，不停重复"根本无法完成"的念头——这好比是在预演失败。

用行动积极去赢得"职场勇士"的荣誉吧。让周围的人和领导都明白，你是一个意志坚定，富有挑战力，做事敏捷的好员工。这样一来，你难道还要再愁得不到领导的认同吗？

实际上，许多看起来"不可能完成"的工作，困难只是被人为地夸大了。当你静下心来分析、耐心梳理，把它"普通化"后，很多有条理的解决方案往往就可以被你想出来。

你必须有充分的自信，这是最值得一提的。要想从根本上克服这种无知的障碍，走出"不可能"这一自我否定的阴影，跻身领导认可之列，你必须相信自己，用信心支撑自己完成这个在别人眼中不可能完成的工作。信心会增强你平常的能力和智慧。因为"自信的心"可以打开想象的心锁，使你能在理想的空间里翱翔。

那些在你周围的非常自信的同事总能把工作出色地完成，而在你眼中，这些工作常是不可能完成的。但是到了他们那里，一切都迎刃而解，也因此，他们受到了领导越来越多的器重。这时候，在懂得了自信的魅力后，相信你不会再对他们投注那么多的惊叹和质疑。你要明白，要是自己拥有的自信足够多，同样也能够化腐朽为神奇，把"不可能"变为"可能"。

针对工作中各种各样的"不可能"，看看自己是不是具有一定的挑战力，要是没有，先把自身功夫做足做硬，"有了金刚钻，再揽瓷器活儿"。必须明白，挑战"不可能完成"的工作常有两种结果，不是成功就是失败。

聪明、成熟的领导，肯定不会光凭结果的成败，就决定你是否应该受到器重，他比任何人都清楚，不经过挑战，成功就不可能得到。

没有实现理想之前，不要放弃

失败者最容易犯的错误就是没有耐性，面对一次次的失败，灰心丧气、止步不前、轻易放弃。殊不知，如果再坚持一分钟，也许成功就会属于他们了。

　　著名推销商比尔·波特在刚刚从事推销业之初，屡受挫折，但他硬是一家一家地走下去，终于找到第一个买家，成了一名走街串巷的英雄。如今的他，成了怀特金斯公司的招牌。比尔·波特告诉我们："要看到积极的一面，没有实现理想之前永远不要放弃。"

　　他是美国成千上万销售人员中的一员，与其他人相同的是：每天早上起得很早，为一天的工作做准备；与其他人不同的是：他要花三个小时到达要去的地点。

　　不管多么痛苦，比尔·波特始终坚持着这样一个令人筋疲力尽的路程，工作就是比尔的一切，他要以此为生。从个人的角度来说，工作也是比尔价值的重要体现，而这种价值曾经被世人忽视过。多年以前，比尔就认识到必须做出选择：要么被当作废物，要么去工作；他选择了后者，成了一个推销员。

　　比尔出生于1932年。妈妈生他的时候难产，大夫用镊子助产时不慎夹碎了比尔大脑的一部分。伤害的结果导致比尔患上大脑神经系统瘫痪，这种紊乱严重影响了比尔的说话、行走和对肢体的控制。长大后，人们都认为他肯定在神智上存在着严重的缺陷和障碍，州福利机关将他定为"不适于被雇用的人"，专家们说他永远都不能工作。

　　比尔能有今天应当感谢妈妈，她一直鼓励比尔做一些力所能及的事情。她一次又一次地对比尔说："你能行。你能够工作、能够独立。"

　　比尔受到妈妈的鼓励后，开始从事推销工作。他从来没有将自己看作"残疾人"。开始时，他向福勒刷子公司提交了一份工作申请，但该公司拒绝了，并说，他根本无法完成本公司的业务。几家公司都做出了同样的判断。但比尔坚持了下来，发誓一定要找到工作，最后怀特金斯公司很不情愿地接受了他，同时也提出一个条件：比尔必须接受没有人愿意承担的波特兰、奥根地区的业务。虽然条件非常苛刻，但毕竟是个机构，比尔欣然接受了。

1959 年，比尔第一次上门推销，犹豫了四次，才最终鼓起勇气摁响了门铃。开门的人对比尔推销的产品并不感兴趣，接着是第二家、第三家。比尔始终把注意力放在寻求更强大的生存技巧上，所以即使顾客对产品不感兴趣，他也不感觉灰心丧气，而是一遍一遍地去敲开其他人的家门，直到找到对产品感兴趣的顾客。

38 年来，他的生活几乎重复着同样的路线。每天早上，在他工作的路上，比尔会在一个擦鞋摊前停下来，让别人帮他系一下鞋带，因为他的手非常不灵巧，要花很长时间才能系好；然后在一家宾馆门前停下来，接待员给他扣上衬衫扣子，帮他整理好领带，使比尔看上去更好一些。不论刮风，还是下雨，比尔每天都要走 10 英里，背着沉重的样品包，四处奔波。那只没用的右胳膊蜷缩在身体后面。这样过了 3 个月，比尔敲遍了这个地区的所有家门。当他做成一笔交易时，顾客会帮助他填写好订单，因为比尔的手几乎拿不住笔。

出门 14 小时后，比尔会筋疲力尽地回到家中，此时他关节疼痛，而且偏头痛还时常折磨着他。每隔几个星期，他就打印出订货顾客的清单，由于只有一个手指能用，所以这项简单的工作常常用去 10 小时的时间。每天深夜，当把一天的工作全部做完后，他将闹钟定在4点45分，以便早点起床开始明天的工作。

一年年过去了，比尔负责的地区的家门越来越多地被他打开了，销售额渐渐增加。24年过去了，他上百万次地敲开了一扇又一扇门，最终成了怀特金斯公司在西部地区销售额最高的推销员，成为销售技巧最好的推销员。

当比尔已经60多岁时，怀特金斯公司有6万名推销员在全国各地的商店推销着公司的家用产品，但比尔仍然是唯一一个上门推销的推销员。现在许多人在打折商店成批地购买怀特金斯公司的产品，这使得他的工作越来越困难。面对着变化了的购买趋势，比尔没有找借口，也没有抱怨。他一直在尽最大努力坚持着。

1996年夏天，怀特金斯公司在全国建立了连锁机构，现在比尔没必要上门推销，说服人们购买产品了。但此时，比尔成了怀特金斯公司的产品形象代表。他是公司历史上最出色的推销员，公司以比尔的形象和事迹向人们展示实力。怀特金斯公司对比尔的勇气和杰出的业绩进行了表彰，他第一个得到了公司主席颁发的杰出贡献奖，后来这项奖项只颁发给那些拥有像比尔·波特那样杰出成就的人。

在颁奖仪式上，同事们站起来为他欢呼鼓掌，欢呼和泪水持续了5分钟。怀特金斯公司的总经理告诉雇员们："比尔告诉我们，一个有目标的人，只要全身心地投入到追求目标的努力中，那么生活中就没有事情是不可能做到的。"

你只是看起来很努力

良好的状态，是责任心和上进心的外在表现

微软的招聘官员曾说："从人力资源的角度讲，我们愿意招的'微软人'，他首先应是一个非常有激情的人：对公司有激情、对技术有激情、对工作有激情。可能在一个具体的工作岗位上，你也会觉得奇怪，怎么会招这么一个人，他在这个行业涉猎不深，年纪也不大，但是他有激情，和他谈完之后，你会受到感染，愿意给他一个机会。"

精神状态是怎样影响工作的，不是每个人都清楚，然而我们知道任何人都不愿意跟一个整天提不起精神的人打交道，任何领导都不愿提拔一个精神萎靡不振、牢骚满腹的员工。

用最好的精神状态工作不仅能提升你的工作业绩，而且还能带给你很多意想不到的成果。

员工刚刚进入公司时，自觉工作经验缺乏，为了弥补不足，经常早来晚走，斗志昂扬，就算是忙得来不及吃中饭，仍然很开心，因为工作有挑战性，还有全新的感受。

每个人在初入职场时几乎都经历过这种工作时激情四射的状态。然而，这份激情来自对工作的新鲜感，以及对工作中不可预见问题的征服感，只要新鲜感一消失，工作驾轻就熟，激情也常常随之湮灭。一切开始变得平淡，昔日充满创意的想法消失了，每天的工作只是应付完了即可。不仅厌倦而且无奈，不明白自己的方向在何处，也不知道究竟如何才能找回曾经让自己心跳的激情，你在领导眼中也从一个前途无量的员工蜕变

成一个比较称职的员工。

保证你工作激情的有效方法莫过于保持对工作的新鲜感。但是这谈何容易，不管什么工作都有从开始接触到全面熟悉的过程。要想对工作恒久的新鲜感得到保持，首先必须改变只把工作当成一种谋生手段的认识，而把目前的工作和自己的事业、成功连接起来；其次，给自己不断树立新的目标，这是保持长久激情的秘诀，要不断挖掘新鲜感：把以前的梦想捡起来，找机会实现它；审视自己的工作，看看哪些事情是自己一直拖着没有处理的，然后把它做完……在你把一个又一个问题解决之后，自然就产生了一些小小的成就感，这种新鲜的感觉就是让激情陪你每一天的良药。

此外，精神状态是能够互相感染的，假如你始终以最佳的精神状态在办公室出现，工作便会效率高，那么你的同事肯定会因此受到鼓舞，你的热情会如野火一样蔓延开来。

有一个汽车清洗公司的经理，他叫刘思朋。他经营的这家公司是 12 家连锁店中的一个，生意非常兴隆，员工热情高涨，感觉生活无比美好……

然而刘思朋来此之前情况并非如此，那时，员工们已经对这里的工作感到厌倦，他们中有的已准备辞职，但是他们却被刘思朋昂扬的精神状态感染了，于是重新快乐地工作起来。

每天，刘思朋都第一个到达公司，微笑着向陆续到来的员工打招呼，把自己的工作一一排列在日程表上，他创立了与顾客联谊的员工讨论会，经常向后推迟自己的假期……

整个公司在他的影响下变得积极上进，业绩稳步上升。周围的一切被他的精神改变，领导因此决定向其他连锁店推广他

你只是看起来很努力

的工作方式。

可见，每天精神饱满地去迎接工作的挑战，用最好的精神状态去展示自己的才能，就能充分发掘自己的潜能。与此同时，你的内心也会变化，变得更加有信心，你的价值也会被别人更加认识到。

虽然良好的精神状态不是财富，可它会把财富带给你，也可以使你得到更多的成功机会。

萎靡不振的人，脸上没有一点生气

勤奋是保持高效率的前提，只有勤勤恳恳、扎扎实实地工作，才能把自己的才能和潜力全部发挥出来，才能在短时间内创造出更多的价值。缺乏事业至上、勤奋努力的精神就只有观望他人在事业不断取得成就，而自己却在懒惰中消耗生命，甚至因为工作效率低下失去谋生之本。

在工作中勤奋追求理想的职业生涯对一个人来说十分重要。享受生活当然没错，但如何成为老板眼中有价值的职业人士，才是最应该考虑的。一位有头脑的、智慧的职业人士绝不会把任何一个能够让他们的能力得以提高、让他们的才华得以展现的工作错过。虽然这些工作可能薪水微薄，可能辛苦而艰巨，但它能磨炼我们的意志，能培养我们坚韧的性格，是我们一生受益的宝贵财富。因此，对你的工作有正确的认识，勤勤恳恳地努力去做，才是对自己负责的表现。

一个叫原一平的日本保险行销之神身高不足 1.60 米，相貌又长得普通，这些不足之处影响了他在客户心中的形象，他最开始的推销业绩很不理想。原一平后来想："既然我和别人相比确实存在一些劣势，那就让勤奋来弥补它们吧。"原一平为了实现他争第一的梦想，全力以赴地工作。早晨5点钟睁开眼后，马上开始一天的活动：6点半钟打电话到客户家中，最后确定访问时间；7点钟吃早饭，和妻子商谈工作；8点钟去公司上班；9点钟出去行销；下午6点钟下班回家；晚上8点钟开始读书、反省，把新方案安排好；11点钟准时就寝。这就是他最典型的一天生活，从早到晚一刻不闲地工作，把该做的事及时做完，从而把日本保险史上的销售之王的桂冠摘取了。

你若想在这个时代脱颖而出，就一定要付出比以往任何时代更多的勤奋和努力，拥有积极进取、奋发向上的心，不然你只能由平凡转为平庸，最终变成一个毫无价值和出路的人。

无论你现在所从事的是什么工作，不管你是建筑工地上的一名工人，还是办公室里的一名普通职员，只要你勤勤恳恳地努力工作，你就是成功的，老板就会认可你的。

拒绝懒散和萎靡不振

许多人都会有这样的感觉，不管睡得有多香，食欲有多么旺盛，气色有多么好，只要有人问他感觉如何，就一定会得到一个透着压抑与沮丧的回答，如"不怎么样""没有什么两样""感觉非常不好"等，这种人仿佛整天沉浸在健康不佳、情绪不宁之中。这种懒散的态度实际上就是他自己的敌人，它会在不知不觉中侵蚀人的意志力，让人萎靡不振，得过且过。要是一个人屈从于这些坏习惯，就无法振作，就不能充分发挥自己的所长，也就难以有所成就。

一个人精神控制力的强弱很大程度上被自己懒散的态度反映着。当你有不打算上班，或不打算外出谈业务的想法时，千万别允许自己闲在家里。要是你给自己放了假，自己就会感觉不好，很可能想："唉，今天真不舒服，一动都不想动，工作的事情随它去好了。"结果是什么呢？你必须承担懒惰带给你的损失——你就这样失去了一天的宝贵时间，而且很可能感觉会更不好，天长日久的懒散使你自己被自己打败。

一个人要是萎靡不振，他脸上肯定没有一点生气，整个人看上去呆头呆脑、无精打采，那么他做起事来就无法有朝气、有活力，更不能出成果。萎靡不振是世间最难治也是最普遍的病，它常常让人陷于完全绝望的境地，永远不可能有希望。

人要有意识、有意志地使自己拒绝懒散的萎靡不振，方法就是要全身心投入地做事情，即便在非常疲惫的时候。

能把自己的事业带入成功的轨道的，只有那些勤奋努力、做事敏捷、反应迅速的人，只有充满热忱、血气如潮、富有思想的人。

比别人多付出

一个人得到的每件东西都是他原先付出的东西的回报。你越慷慨地付出，你得到的回报就越丰厚，这是公平的游戏规则。当然了，在你的工作中到底能回收多少，还要看你有没有正确的心态了。要是你是以不心甘情愿的心态付出，那你或许得不到任何回报，要是你只是从为自己谋取利益的角度，则或许连你希望得到的利益也得不到。你只要牢记一点，在职场中的付出，就是在累积你的财富，而你的付出终将会帮你赢得所有你想要的。

松下幸之助说:"当年创业时,我对自己说:要好好努力喔,比别人多付出一些。光埋怨辛苦是不会出人头地的,现在拼命努力和忍耐,将来肯定有出息。所以,在冬季结冰的天气下做抹布清洁工作,尽管非常辛苦,转念一想,这就是忍耐,努力干吧,化辛苦为希望。"正是靠这种多吃苦多付出的精神,他才创出了一番事业,因此在当上老板之后,他告诫他的员工若想得到晋升就必须有吃苦耐劳勤付出的精神。

作为下属,工作量大,任务繁重,若想给上司留下比较良好的印象,就要兢兢业业、一丝不苟地干工作。应舍得多下功夫,辛勤工作,使自己所在的企业或部门多出成绩,出大成绩,多出可以受到上司称赞的成绩。有些员工往往只会说话不做实事,在竞争中,他们和那些"少说多做"的实干家比起来更容易失败。

能微笑的人,必定会达到目标

无论在什么情况下都能微笑的人,必定会达到目标。做到这一点并不困难,只要心中阳光灿烂,希望闪闪,就会有一股动力激发你向前。

忧郁、阴沉、颓废的人,在社会上不受人重视,没有人愿意同他待在一起。每个人见他,都只是看看他,然后很快就离开了他。

我们不喜欢那些忧郁、阴沉的人,正像不喜欢一幅色彩不调和的油画一样。我们会本能地趋向那些和蔼可亲、兴趣盎然的人。要使人家喜欢我们，首先要使自己变得和蔼可亲。

人不应该把自己降为感情的奴隶。他不应把全盘的生命计划、重要的生命问题，都去同感情商量。无论周围的事情怎样不顺利，你都应努力去支配环境，从不幸中振作起来。背向黑暗，面对光明，阴影自会留在你的后面！

一切学问中的学问，就是怎样去打败心中的敌人——平安、快乐和成功的敌人。时时让我们的心集中于美而不于丑，于真而不于伪，于和谐而不于混乱，于生而不于死，于健康而不于疾患——这是人生的一门必修课。这不是一件容易的事，但总是可能的，只要养成一些正确的思想方法就够了。

有一个神经科专家告诉人们，他发明了一种治疗忧郁病的新方法。他劝告病人，在任何环境下都要笑。强迫自己，无论心中喜欢不喜欢，都要笑。"笑吧！"他对病人说，"不要停止你们的笑！最低限度，试着把你们的嘴角翘起来。这样不停地笑，看看感觉怎样！"他就是利用这种方法治愈病人的。

把忧郁在数分钟之内驱逐出心境，这对一个精神良好的人是完全可能的。但多数人的缺点就是不肯开放心扉，让愉快、希望、乐观的阳光照进，相反却紧闭心扉想以内在的能力驱除黑暗。他们不知道外面射入的一缕阳光会立刻消除黑暗，驱除那些只能在黑暗中生存的恶魔！

应该养成不容许任何可能引起不快的想法或暗示侵入心中的习惯。因为那些想法与暗示，会给你带来不良的影响。

试着走进最有趣的社交圈中，寻求一些可以使你发笑、使你高兴的娱乐。这是一种精神的更新，这种精神的更新，有时能在同孩子玩耍时找到，有时能在戏院中找到，有时能在有趣的对话中找到，有时能在一本书中找到，有时能在睡眠中找到。

田野也是一个很好的精神更新与治疗忧闷的场所，有时花上一小时在阳光下的田野散步，就可以改善你的精神状态。

找到改善精神状态的方法，忧闷的毒害可以被抵消，颓废的空气可以被改变。这种神奇简直会使你惊异，而你也会感觉到像换了个人一样。

缺陷难免，挫折难免，而在真正征服它们之前，最要紧的是先战胜自己。诗人纪伯伦说过："愿意是半个生命，淡漠是半个死亡。"其弦外之音是说对自己充满信心、相信自己的能力，这样一场事业即使还没有做起来或者还没有做完，它也已经成功一半了。

不错，自信心比金钱、家世、亲友、环境更有用，因为它在你自己的掌握之中。它是人生最可靠的资本，能使人努力克服困难、排除障碍，去争取胜利。

人只有在充分自信的状态下，才会最大限度地发挥潜能，人也只有在充满自信的状态下，才能最大限度地感受到勇气和力量。

假如我们去研究分析一下伟人的奋斗史，就可以发现，他们无一不具有强烈的自信心。他们坚信自己的能力，坚信只要付出最大的努力，就一定会取得成功。

在你感觉到忧郁、失望时，应当努力改变环境。无论遭遇怎样，不要反复想到不幸，不要多想痛苦的事情。要想那些最愉快的事情，要以最宽容最亲切的心情对待人，要说那些最和蔼最有趣的话，要以最大的努力来制造快乐，要喜欢你周围的人！这样，你很快就会感觉到神奇的精神变化，遮蔽你心田的黑影将会逃走，而快乐的阳光将照耀你的全部生命。

自信者胜，自制者强。人应该有充足的信心。我们应该觉悟到"天生我材必有用"，这样才能充分表现出自己生命的价值。相信自己而不是怀疑自己、低估自己，唯有如此，才能实现理想的自我，成为命运的宠儿，取得辉煌的成就。

明末清初著名史学家谈迁，28 岁时开始编写《国榷》。经过 20 多年的辛勤笔耕，前后修改数次，写出了长达 400 多万字的初稿。不幸的是，书稿还未出版，便在一个深夜被人偷走。多年的心血付之东流，谈迁心痛欲裂，悲愤地向天长号。但是，沉重的打击没有动摇他的志向，书稿丢了，可人还在，只要还有一口气，书就要写出来。他擦干泪水，重新拿起了笔。尽管由于年纪大而体弱多病，记忆衰退，行走不便，但倔强的秉性和执着的信念支撑着他千里奔波搜寻史料，夜以继日，笔耕不辍。又经过 6 年时间，终于完成了这部巨著。这时，他已是一位白发苍苍的老人了。

伟大的前苏联无产阶级革命家奥斯特洛夫斯基，在病榻上完成了长篇小说《暴风雨中诞生的》无独有偶，他遭遇了与谈迁同样的命运，书稿被邮局不负责任的邮差在投递中丢失，作者的痛苦和愤怒无以复加。心如槁木就此罢笔，还是从零开始从头做起？奥斯特洛夫斯基毅然选择了后者。又经过两年的呕心沥血，名著《钢铁是怎样炼成的》终于问世，他的名字也因此而流芳百世。

艰难中，你更需要端正自己对生活的态度

1991 年 10 月 3 日，一个平淡无奇的日子，但是这一天对于南非犹太裔女作家戈迪默来说，却是非同寻常的一天。这一天，她获得了 1991 年度诺贝尔文学奖，她是 25 年来第一位获奖的女作家，也是自诺贝尔文学奖设立以来第 7 位获奖的女作家。这块文学金牌是她用 40 年的心血和汗水浇铸的，怎能使她不激动呢？

戈迪默于 1923 年 11 月 20 日出生在约翰内斯堡附近的小镇——斯普林斯村。她是犹太移民的后裔，母亲是英国人，父亲是来自波罗的海沿岸国家的珠宝商，金光般的家庭生活造就了小戈迪默的无限憧憬和遐想。

6 岁那年，她抚摸和凝视着自己纤细而柔软的躯体，做起了当一位芭蕾舞演员的梦。她从剧院里得知，舞台生涯最能淋漓尽致地表现人的修养和思想情感，也许这就是她追求的事业。

于是，一个阴雨连绵的星期六，她报了名，加入了小芭蕾剧团的行列，事与愿违，由于体质太弱，她对大活动量的舞蹈并不适应，一些小病小灾时不时纠缠着她，久而久之，小戈迪默被迫放弃了对这项事业的追求。

遗憾之余，这位倔强的女性暗暗发誓：条条大道通罗马，终究要找到适合自己的成功之路。

然而，命运不但不赐给她机缘，反而将她逼上越发痛苦的渊薮。8 岁时，她又因患病离开了学校，中断了童年时的学业。

夜晚，她常常流着无奈的泪盼等着天明；她只好终日坐在床上与书为伴了。

一个明媚的夏日，心烦意乱又十分孤独的戈迪默，偷偷地走上了大街，她想从车水马龙的街面上获取一点快乐。突然，她被一块不大不小的木牌所吸引，久久不愿离开："斯普林斯图书馆！"她欣喜若狂，早已将课本读熟了的她，最渴望的莫过于书。

此后，她一头扎进了这家图书馆，整日泡在书堆里。图书馆下班铃响了，她却一头钻在桌子底下，等图书馆的大门确实锁上了，她才钻出来。在这自由自在的王国里，她尽情而贪婪地吸吮着知识的营养。无数个日夜，使她对文学产生了浓厚的兴趣。

也许是"养料"过剩，她常常感到心胸有一江春水在激荡。终于她那嫩弱的小手拿起了笔，一股股似喷泉一样的情感流淌在了白纸上。那年，她刚刚 9 岁，文学生涯就此开始。

出人意料的是，15 岁时，她的第一篇小说在当地一家文学杂志上发表了。然而，谁也不知道小说竟出自一位少女之手。

1953 年，戈迪默的第一部长篇小说《说谎的日子》问世，作品以优美的笔调、深刻的思想内涵，轰动了当时的文坛。世界文学界几乎同时将关注的目光投向了这位非同一般的女作家——纳丁·戈迪默。

像一匹脱缰的马，戈迪默的创作一发而不可收。漫长的创作生涯，她相继写出 10 部长篇小说和 200 多篇短篇小说。多产伴着上等的质量使她连连获奖：1961 年，她的《星期五的足迹》获英国史密斯奖；1974 年，她意外地又获得了英国的文学奖。

创作上的黄金季节，使戈迪默越发勤奋刻苦。她说："我要用心血浸泡笔端，讴歌黑人生活。"满腔的热忱很快就得到了报答。她的《对体面的追求》一出版，就成为成名之作，受到了瑞典文学院的注意。

接着，她创作的《没落的资产阶级世界》《陌生人的世界》和《上宾》等佳作，轻而易举地打入诺贝尔文学奖评选的角逐圈。

然而，就在她春风得意、乘风扬帆之时，一个浪头伴一个旋涡使她又几经挫折——瑞典文学院几次将她提名为诺贝尔文学奖的候选人，但每次都因种种原因而未能如愿以偿。面对打击，这位柔弱的女子有所失望，她曾在自己的著作扉页上，庄重地写下"纳丁·戈迪默，诺贝尔文学奖"，然后在括号内写上"失败"两字。然而，暂时失望并没影响她对事业的追求，她一刻也没放松文学创作，终于，她从荆棘中闯出了一条成功的路。

要努力寻求和实现人生的最大价值。在艰难中，你更需要找出你的热情来，重新端正自己对生活的态度，并且把今天的挫折转化为明天成功的动力。

一百次胡思乱想，比不上一次行动

有一位几年来始终在探寻成功人士精神世界的心理学家，他发现了两种本质的力量：一种是在严格而缜密的逻辑思维引导下艰苦工作，另一种是在受到突发、热烈的灵感激励后马上行动。

　　威廉·詹姆斯指出：灵感的每一次闪烁和启示，都让它如同气体一般溜掉而没有丝毫踪迹，这比丧失机遇还要糟糕，因为它在无形中把激情喷发的正常渠道阻断了。这样一来，人类将不能把一股坚定而快速应变的力量聚起来对付生活的突变。

　　沃尔特·皮特金在好莱坞的时候，一次，一位年轻的支持者提出了一项大胆的建设性方案给他。在场的人全被吸引住了，它显然值得考虑，不过他们能从容考虑，然后讨论，最后再决定怎么去做。然而，当其他人正在琢磨这个方案的时候，皮特金忽然把手伸向电话并马上开始向华尔街拍电报，电文热烈地陈述了这个方案。当然，拍如此之长的电报所费不菲，然而它把皮特金的信念转达了。

　　万万意料不到的是，一千万美元的电影投资立项就因为这个电文而拍板签约。要是他们拖延行动，这方案极可能就在他们小心翼翼的漫谈中自动流产——至少会没有它最初的光泽。但是皮特金马上付诸行动了。他在一生中培养了灵感，信赖它，把它看作他最可靠的心理顾问。

　　他办事这样简明受到许多人的羡慕，但是事实是，他办事简明的原因，就是他在长期训练中把"立即行动"的习惯养成了。

　　绝大多数人在可能改变命运的灵感喷发在世俗生活中时，习惯于把它窒息，然后又回到原来的生活常轨：该做什么的时候照常做什么。他们意识不到，人类潜意识通向客观世界的直达快车就是内在的冲动。

　　世间永远不可能有绝对完美的事。"万事俱备"仅仅是"永远不可能做到"的代名词。一旦延迟，愚蠢地去满足"万事俱备"这一先行条件，不仅辛苦加倍，还会使灵感失去应有的乐趣。

用周密的思考来掩饰自己的不行动，比起一时冲动来，甚至更谬误。

盼望"万事俱备"后再行动，你的工作可能永远没有"开始"人们常常在事情到来之时，总是先有积极的想法，接着头脑中就会冒出"我应该先……"如此一来，你的一只腿就陷入了"万事俱备"的泥潭。一旦陷入，你就会顾虑重重，不知所措，不能定夺何时开始。时间一分一秒地浪费了，你陷入失望的情绪里，最后只有用懊悔来面对仍悬而未决的工作。

许多时候，如果马上进入工作的主题，你将会惊讶地发现，倘若拿浪费在"万事俱备"上的时间和潜力处理手中的工作，常常绰绰有余。而且，很多事情你如果马上动手去做，就会觉得快乐、有趣，成功概率就加大了。

现代成功人士的做事理念就是立刻去做、亲自去做，任何规划和蓝图都无法保证你成功，许多企业之所以能获得今天的成就，并非事先规划出来的，而是在行动中一步一步经过不断调整和实践出来的。因为每一个规划都有缺陷，规划的东西是纸上的，与实际总是有距离的，规划能在执行中修改，但关键还是要立刻去做！根据你的目标立刻行动；没有行动，计划再好也是白日梦。

在开始时，你可能会觉得做到"立即行动"很不容易，因为这样免不了发生失误。可你最后会发现，"立即行动"的工作态度会成为你个人价值的一部分。当你把"立即行动"的工作习惯养成时，你就掌握了个人进取的秘诀。当你下定决心一直以积极的心态做事时，你就向自己的成功目标迈出了重要一步。

倘若你犯了一项错误，这个世界将会原谅你；然而倘若你没做任何决定，这个世界将不会原谅你。倘若你已做了一个真正的决定，就要立刻行动，方法是把开头的几个步骤写下来：哪三件事你现在立即能进行，并且对你的新决定有帮助；你能打电话给谁；你能做什么承诺；你能写一封什么样的信；你能做什么与旧习不同的事。将你能立即做的事列成一张表，并立刻去实行它们，现在就去做！

倘若我们认准了一项工作，那么我们就要马上行动，因为世界上有93%的人都由于拖延、懒惰而一事无成，每天有每天的理想和决断，昨日有昨日的事，今日有今日的事，明日有明日的事。时间对有些人来说是金钱，对有些人来说是废品，一百次的胡思乱想也无法比上一次的行动。

糊涂蛋拖拖拉拉，聪明人雷厉风行，一个人应该尽早去做，不然你就会迫于形势而去做某事。聪明人当即就会断定哪些该早点干，哪些该晚些做，并且干得很开心。马上行动，这种态度还会消减准备工作中一些看起来恐怖的困难与阻碍，引领你更快地到达成功的彼岸。

人生百年几今日，今日不为真可惜

要是拖延已开始影响工作的质量时，就会往一种自我耽误的形式蜕变。当你肆意拖延某个项目，把时间用来削大把大把的铅笔，或者计划"一旦……"就开始某项工程的时候，你就为自我耽误落下基石。巧妙的借口，或故意忙些杂事来逃避某项任务，只能让你在这种坏习惯中越陷越深。今日不清，肯定会积累，积累就拖延，拖延必堕落、颓废。延迟需要做的事情，会把工作时间浪费掉，也会造成没有必要的工作压力。

清人文嘉有首著名的《今日歌》是这样唱的："今日复今日，今日何其少，今日又不为，此事何时了？人生百年几今日，今日不为真可惜，若言姑待明朝至，明朝又有明朝事。"

每件事情要是没有时间限定，就好像开了一张空头支票。只有明白用时间给自己压力，到时才能完成。所以你最好把每日的工作时间进度表制订好，记下事情，定下期限。天天都有目标，也都有结果，日清日新。海尔在众多的企业中，就是一个"当日事当日毕"的典型代表。

在实践中，海尔建立起了一个"日日清"控制系统，每人、每天对自己所从事的工作进行清理、检查。案头文件急办的、缓办的、一般性材料的摆放，都是有条不紊、井然有序。在快要下班时，椅子都放得整整齐齐的。

"日日清"系统包含两个方面：一是"日事日毕"，就是对当天发生的种种问题（异常现象），在当天搞清原因，分清责任，及时采取措施进行处理，避免问题积累，保证目标得以实现，例如工人使用的"3"卡，就是用来对每个人每天对每件事的日清过程和结果进行记录的；二是"日清日高"，就是对工作中的薄弱环节不断改善、不断提高，要求职工"坚持每天提高1%"，70天工作效率就能够提高一倍。

客户对任何员工提出的任何要求，对海尔的客服人员而言，不管是大事，还是"鸡毛蒜皮"的小事，在客户提出的当天，工作责任人必须给予答复，与客户就工作细节协商一致，接着毫不走样地依照协商的具体要求办理，办好后必须及时反馈给客户。倘若遇到客户抱怨、投诉时，需在第一时间加以解决，自己无法解决时要及时汇报。

人们做事拖延的原因或许各种各样：一些人是由于不喜欢手头的工作，另一些人则不知道该怎样下手。首先必须找出导致办事拖延的起因，才能养成更富效率的新习惯。这里列举的问题囊括了大多数起因，我们将帮你找到相应的对策：

——倘若是因为工作枯燥乏味，讨厌工作内容，那么就把事情授权给下属，或雇用公司外的专职服务。只要有可能，就让别人来做。

——倘若是因为工作量过大，任务艰巨，面临看起来没完没了或不可能完成时，那么就将任务分成自己能处理的零散工作，并且从现在开始，每次做一点，在每天的工作任务表上做一两件事情，直至最终把任务完成。

——倘若是工作无法立竿见影取得结果或者效益，那么就设立"微型"业绩。要激励自己去做一项几周或几个月都没有结果的项目非常难，但能建立一些临时性的成就点，使你所需要的满足感能够获得。

——倘若是工作受阻，不知从哪里下手，那么可以凭主观判断开始工作。例如，你不知要不要将一篇报告写成两部分，但你可以先假设报告为一单份文件，然后立刻开始工作。要是这种方法不得当，你很快就会意识到，接着再进行必要的修改。

拖延，只会让别人领先

在很多地方，我们都能看到那些拖拖拉拉的人，他们随口就说："这件事再等等吧。""那个问题明天再说。"这样的人，迟早要把自己的工作拖掉，把企业拖垮。

效率的关键在于良好的工作习惯，而不是学会一两个方法，这绝非一日之功，但终有一天会实现。

拖延就是凡事明天处理的态度，拖延会腐蚀人的意志和心灵，消耗人的能量，使人潜能的发挥受到阻碍。

拖延，只会让他人领先。在拖延中，任何憧憬、理想和计划都会落空。把今天的工作拖到以后去做，所耗去的时间和精力，实际上本可以把今天的工作做好。过于谨慎、缺乏自信都是工作的大忌。马上执行，便会觉得简单而快乐；拖延执行，便会觉得艰辛而痛苦。随时主动地工作是避免拖延的唯一方法。决策是困难的，同样是痛苦的，一旦做出正确的决策，就要马上执行决不拖延。所有的竞争都不能离开时间的竞争，所有的拖延都能归结为时间上的拖延。除非作为一个特例，否则拖延能够致使努力的失败。

世界上任何人都曾有把任务或工作推后的想法，任何人都会在不同程度上拖延工作。以下方法能帮你克服拖延的习惯：

找出拖延的规律

仔细审查一下你的拖延习惯，这很重要。你每个月有没有推后同样的事情（推迟付账，甚至是在你有钱偿付的时候），或者你不管多小的事情都要拖延。把你拖延的规律找出来，并注意你什么时候什么地方靠拖延工作来帮忙。

做事分清先后顺序

贪多的人最不容易意识到他们想要做得太多，因为任何一件事对他们都是重要的，他们的强项不是授权、拒绝以及设定优先次序。

倘若你是一个贪多的人，那么首先应该明确在限定时间内完成任务，哪些是必须做的，哪些不是。对任务做通盘考虑，然后把它所需要做的事情首先完成。

制订计划

在把自己拖延工作的原因明确后，那就制订计划去减少和控制拖延。可以从安排项目的每个具体任务开始，列出完成这个项目所需做的任务，排好轻重次序。做完一个任务就做一个标记，并奖励一下自己。

顺着列出的表单，从最让人不愉快的任务做起，一直做下去，直到简单的任务。每天都完成一些你计划中的事情，并把新的任务和项目随时纳进计划，哪怕完成事情用不了 5 分钟。

采取行动

在把一个明确的计划制订完之后，关键是要落实在行动上，不然你到死都会如从前一样将工作无休止地拖延下去。

因此，当你有冲动要把计划付诸行动的时候，别放弃，想到了就做，直至做到结束。

定一个按时完成的任务奖励给自己，奖励要实际并按预先订好的办。要留心会引诱自己不按计划做事的想法，比如"明天我再做""我应该休息一下了"或"我做不了"要学会把自己的思想倾向扭转过来，如"要是我再不做就没有时间了，接下来还要做许多事情""要是我做完这个，我就会觉得更自在些了"或"一旦我开始做就不会这样糟糕了"。

倘若对你来说，开始动手是一个挑战，那么设计一个"十分钟计划"：做十分钟你惧怕的工作，之后决定是不是继续。

你从现在开始就依照上面的方法去做，不久，你在工作中会积极主动，并且愿意为完成工作而努力。一旦在工作中不再拖延，你就会把握工作的一分一秒使自己的工作效率提高，不断获得新的进步。

从小事做起，把每一件事认真做好

年轻人容易好高骛远，不屑于做日常工作中的琐事。其实领导考察你，正是从小事开始。所以无论领导交给你的事多么零散，或者根本不是你分内的事，你都要及时地、充满热情地处理好，即使领导不再追问，也不可不了了之，一定要给一个下文。只有逐渐得到领导的信任和肯定，才会有"做大事"的希望。从小事做起，不以事小而不为。

一个人如何才能认识自己呢？答案绝非思考，而是实践。竭力去履行你自己的职责，你就会马上了解你的价值。

小猴爱读书，爱学习，老师对小猴说多读书会很有用。一直有个问题困扰着小猴，那就是它到底能做什么呢？

小猴于是就去向妈妈请教："妈妈，妈妈，我能做什么啊？"猴妈妈笑着问小猴："你想做什么呢？"小猴回答说："我就是在想这个问题！"猴妈妈告诉他："那你就好好想想吧！"小黄牛能耕地，奶牛能产奶，可我能做什么呢？"想了一整天，小猴毫无收获。第二天，小猴着急了，它怎么也想不出自己到底能做什么，猴妈妈向小猴提议到处去走走。

于是小猴离开了家，当它路过松鼠的家门口时，松鼠的房门坏了，想请猴子帮帮忙，给它修一下门。但小猴说："我忙啊，我正在思考一个非常重要的问题呢！"

一会儿，小猴又走到了大白兔的家门口，大白兔想请小猴给小白兔上上课，但小猴还是说忙，推脱了补课的事情。在森林里待了一天，小猴还是想不出来自己能做什么。

小猴到了第三天愈加着急了，"怎么办啊？"小猴决定去向智慧老人请教。当小猴把自己的问题提出以后，智慧老人说："我现在想吃水果，要是你把树上的香蕉摘下来给我，我就跟你说你能做什么。"小猴十分高兴，三下五除二地摘下了香蕉。

智慧老人笑着告诉小猴："现在你明白你能做什么了吧，你能摘香蕉！"小猴看着捧在手里的香蕉，智慧老人接着说道："你还能做许多事情，例如给松鼠修门，给小白兔上课，可是你放弃了尝试。要是你不知道你能做什么，那你就多尝试一下，而不是始终只想不做！"

许多人渴望发现自己的价值、渴望成功，然而却老是在苦思冥想，而不是从简单的小事做起，这样就失去了许多展示自己价值的机会和走向成功的契机。

小事是悄悄到来的机遇

我们要从小事做起，认真地把每一件事做好。道理非常简单，机遇总是突然地、不知不觉地出现，有时你甚至一辈子也不清楚哪个是机遇。

有人说大学毕业生走上岗位的第一课、必修课，就是主动承担打扫卫生、整理办公室、泡开水等具体琐事，这不无道理。常常就是这类看起来不起眼的日常小事给人留下的印象最深。通常，领导不放手让你单独做大事的原因，就是他还无法肯定你是否具备这样的实力。有时候，一些精明的主管在提拔你之前通常会用几件小事来考察你的工作作风、办事能力以及有没有眼光。这其中有一个从量变转为质变的过程，千万不能操之过急。

人生没有小事，每做一件事情其实就是对自身素养、品行、学识进行一次修炼，千万别因为小或者低微就鄙视它，放弃将使你失去一次修炼的机会，也减少了一次提高的可能。

美国国务卿鲍威尔在任参谋长联席会议主席时写了传记。他是一个牙买加黑人，起初的工作是进一个大公司当清洁工，因为在这种大公司里牙买加黑人只有一个工作能做：清洁工。他做每一件事都非常认真，很快，他就找到一种拖地板的姿势，能把地板拖得既快又好，人还不容易累。老板看到了，观察一段时间后就断定这个人是个人才，接着很快就破例地对他进行了提升。这就是鲍威尔人生的第一个经验：把每一件事认真做好。

另一种"眼高手低"

要是你去问今天的学生（从专科生直至博士），工作容不容易找，很大一部分会说不好找。要是你去问今天的企业经理们，人才容不容易得，同样也会有很大一部分说找个合适的人才并不易。其中的原因，绝非能用"信息不对称"来解释。

你只是看起来很努力

我们原先过分强调干一行爱一行，强调奉献，如同一颗螺丝钉拧在祖国最需要的地方，结果是压抑了很多人个性、才能的发挥和人生价值与权利的实现。可能是压抑得太久，反弹得太厉害，现在的人们又走向另一个极端：过分强调自身的价值，过分索取，却忽视了责任和义务。一些大学生初出茅庐，实际经验和业绩没多少，要价却特别高，就是一个证明。

尽管这方面的例子不是很普遍，可是"眼高手低"却是很多毕业生共同的现状。毕竟是初次走上社会，有一种初生牛犊不怕虎的气势，觉得自己本领在手，天下尽在掌握中。不过真正做起事来，如果是心浮气躁的人，就难免不知轻重深浅，小事不愿做，大事做不了。要是谦虚好学，过几个月或一两年也就好了。可许多人常常就是眼界太高，拿不起又放不下，悬在空中。

你若是眼尖肯定看出来了，实际上这里的所谓"工作经验"，根本不是什么真正的"工作经验"，而更多的是一种心态，一种被社会现实打磨出来的直面现实的态度。

在我们这个硕士博士满街走的时代，社会上最缺乏的不是有才能的人，而是忠诚。

当然，今天所讲的忠诚，跟以前只知顺从、唯唯诺诺的人身依附式的"愚忠"有着本质的差别。今天的忠诚，实际上是一种"不卑不亢的对平等契约的严格遵守"，"从小事做起"的智慧、勇气和人生态度也包含在其中。

我们需要另外一种"眼高手低"，就是说眼界要高，心怀大志向，但脚踏实地，从小事做起。古人云"一屋不扫，何以扫天下"，又云"于细微处见精神"，现代人说"态度决定一切"，一个人若小事都不愿做、做不好，能成就多大的事业呢？更何况，很多"大事"都是由那些琐碎的小事所组成的。

有一则故事，它的大意是：在某国，博士毕业生找工作很困难，因为许多企业不敢"高攀"。一位谦逊的博士在求职时拿出了专科文凭，结果很快被录用。不久，因为他干得很出色，老板要提拔他，他亮出了自己的本科文凭；他在新岗位上又因业绩突出被提拔，这才亮出了硕士文凭。如是者三，最后他才把博士的庐山真面目露了出来！

讲这个故事，就是要说：是骡子是马，拉出去遛遛就清楚了。该属于你的，想跑也不能跑掉；不属于你的，想要也要不来，不妨从零做起。必须明白，事情是人点点滴滴"干"出来的，而并非文凭大尺一量就"量"出来的。

由蘑菇变成灵芝

不知你是否有这样的经历：某一天，领导叫你到办公室说，某人那个计划已经完成得差不多了，现在公司把他派去外地出差，他手头剩下的那点收尾工作，你来帮他完成吧。此时，你绝对不能懊恼。实际上这是一次小小的测试，你想，一个不屑干小事的人，领导怎会放心单独交给他那些大项目！因此我们常看到，有些憨厚、不起眼的人忽然鲤鱼翻身，另起炉灶地独立担任起一个大项目的主管，而那些跳进跳出、不屑一切的人却始终给人做下手。刚进职场的员工，立刻就被委以重任的很少，常常是做些琐碎的工作。然而别小看它们，更别敷衍了事，因为人们是通过你的工作来评价你的。要是连小事都做得潦草，别人还怎么敢把大事交给你呢？记住，孔子年轻时也曾做过小吏，然而他并不觉得这是委屈了自己，不管叫他干什么，他都打理得有条不紊。圣人尚且这样，何况你我呢？

在开始独立工作时制订一个计划是非常值得提倡的。工作没有计划的人，不仅做起事来慌慌张张，效率低下，也往往会给周围的人带来不便。尤其是新手，由于情况不熟、经验缺乏等，更容易出现这种情况。

下面几点是作计划时需要考虑的：

1. 应在开始做一件工作前就有充分的准备，而不要开始以后再手忙脚乱。

2. 要是有好几件事要同时进行，就必须安排先后顺序。

3. 预计完成正在进行的工作需要花费多少时间，即要预估今天一天当中能完成多少事，并且预先把第二天的工作进度安排好。

还要把及时汇报的习惯养成，这不仅能让上司掌握情况，更能留下工作效率高、踏实可靠的良好形象，这对你将来的发展肯定是非常有好处的。

在你被当成"蘑菇"的时候，一味强调自己是"灵芝"并没有用，最重要的是利用环境尽快成长。当你真的从"蘑菇堆"里脱颖而出时，你的价值就会被人们认可。

将所拥有的梦想转化为热情

热情是一种难能可贵的品质。正如拿破仑·希尔所说："要想获得这个世界上最大的奖赏，你必须像最伟大的开拓者一样，将所拥有的梦想转化成为实现梦想而献身的热情，以此来发展和销售自己的才能。"

很多历史上的巨变和奇迹，不管是社会、经济、哲学或是艺术，都因为参与者100%的热情才得以进行。发动一场战役对拿破仑来说只需要两周的准备时间，换成别人则需要一年，会有这么大的差别的原因，正是他对在战场取胜拥有非比寻常的热情。

用100%的热情来对待1%的事情，而不去计较它是那么的"微不足道"，你就会发觉，原来每天平凡的生活竟然是这样充实、美好。

对于一名员工来讲，热情就像生命一样。凭借热情，我们能释放出潜在的巨大能量，发展出一种坚强的个性；凭借热情，我们能把枯燥乏味的工作变得生动有趣，使自己充满活力，培养自己对事业的狂热追求；凭借热情，我们能感染周围的同事，让他们理解你、支持你，拥有良好的人际关系；凭借热情，我们更能取得老板的提拔和重用，赢得宝贵的成长和发展的机会。

一个没有热情的员工不可能始终如一高质量地把自己的工作完成，更没可能做出创造性的业绩。要是你失去了热情，那么你永远也不可能在职场中立足和成长，永远无法拥有成功的事业与充实的人生。因此，从现在开始，倾注全部热情到你的工作吧！对工作满腔热情的人，能与大家分享，它是一项分给别人之后却相反会不断增加的资产。你付出的愈多，得到的也会愈多。生命中最好的奖励并非从财富的积累中来，而是由热情带来的精神上的满足。

当你兴致勃勃地工作，并努力让自己的老板和顾客满意的时候，你所得到的利益就会增加。你把热情加入到言行中，就能吸引身边一切人。诚实、能干、友善、忠于职守、淳朴——所有这些特征，对打算在事业上有所作为的年轻人来说，都是不可或缺的，然而更不可缺少的是热情——将奋斗、拼搏当成人生的快乐和荣耀。

要是你无法使自己的全部身心都投入到工作中去，不管你做什么工作，都可能沦为平庸之辈。你不能在人类历史上留下任何印记；做事马马虎虎，只有在平平淡淡中把此生了却。倘若如此，你的人生结局将和千百万的平庸之辈没什么两样。

工作的灵魂是热情，甚至生活本身也是。年轻人要是无法从每天的工作中找到乐趣，仅仅是因为要生存才不得不从事工作，仅仅是为了生存才不得不把职责完成，那么肯定是要失败的。

当年轻人用这种状态来工作的时候，他们肯定犯了某种错误，或者没有正确地选择人生的奋斗目标，使他们在天性所不适合的职业道路上艰难跋涉，把精力白白地浪费了。他们需要某种内在力量的觉醒，应当告知他们，这个世界需要他们做最好的工作。我们应该根据自己的兴趣发挥出各自的才智来，根据各人的能力，让它增加到原来的 10 倍、20 倍、100 倍。

在一切伟大成就的取得过程中，热情是最具有活力的因素。它融入每一项发明、每一幅书画、每一尊雕塑、每一首伟大的诗、每一部让世人惊叹的小说或文章之中。它是一种精神的力量。你在那些为个人的感官享受所支配的人身上，是无法发现这种热情的。热情的本质就是一种积极向上的力量。

最好的劳动成果往往是由头脑聪明并具有工作热情的人完成的。在一家大公司里，一个职位低下的年轻人做了很多自己职责范围以外的工作，那些吊儿郎当的老职员们因此嘲笑他的工作热情。但是不久这位年轻人就被从所有的雇员中挑选出来，当上了部门经理，进入了公司的管理层，让那些嘲笑他的人瞠目结舌。

热情，让我们的决心越加坚定；热情，让我们的意志越加坚强。它给思想以力量，促使我们立刻行动，直至把可能变成现实。别畏惧热情，要是有人愿意以半怜悯半轻视的语调称你为狂热分子，那么随他说去吧。

要是在你看来值得为一件事情付出，要是那是对你努力的一种挑战，那么，就把你可以发挥的全部热情都投入到其中去吧，至于那些指手画脚的议论，则大可不必理会。笑得最好的，只属于笑到最后的人。成就最多的，永远不是那些半途而废、冷嘲热讽、犹豫不决、胆小怕事的人。

要充分认识到你所做的工作的价值和重要性，它对这个世界来说是不可缺少的。全身心地投入到你的工作中去，把它看成你特殊的使命，把这种信念在你的头脑当中深深植根！

Part 4

努力要脚踏实地，不能好高骛远

稻盛和夫说：『年轻人都有想干一番事业的理想和愿望。不过，切莫忘记，那是靠一步一步、扎扎实实的努力来实现的。不想付出，一味描绘宏伟的蓝图，那只能是一场黄粱美梦而已。』人生的道路上没有自动扶梯那样便便捷捷的工具，必须靠自己的双脚步行，必须靠自己的力量攀登。如果认为实现自己描绘的梦想有简便的手段，有捷径可走，那就大错特错了。每个成功者都走过一条不平坦的路，这条路上有他们的脚印，那正是他们脚踏实地，一步一步走向成功的标志。

从此刻开始，一步一个脚印地往前走

"合抱之木，生于毫末；九层之台，起于累土；千里之行，始于足下。"你应该从此时此刻开始，从坚实的土地上迈步，一步一个脚印地往前走。

如果你好高骛远，那就犯了一个大错误。你以为可以不经过程而直取终点，不从卑俗而直达高雅，舍弃细小而直为广大，跳过近前而直达远方。结果，黄粱美梦一场。也许你这场梦做得很长很长，梦中昏昏沉沉，翻来覆去。你忽尔好似神思泉涌，著作等身，做了享誉世界的学者；忽尔财源滚滚，成了腰缠万贯的大亨；忽尔官运亨通做了国王，成了总统。

窗外一声"收酒瓶了"的叫卖，撞碎了你的甜梦，一觉醒来，你依然如故。不仅著作没有等身，没做成享誉世界的学者，连你不屑一顾的豆腐干文章也没发表几块。不仅没有财源滚滚做成百万大亨，连你小孩的入托费还要等 10 天后到那干瘪的工资袋里去抠。官运也没通，没做国王也没当总统，副科级三年了至今还没有扶正。

你奈何得了命运之神吗？你跳得开人生的怪圈吗？

——你越是厌卑近而好高远，你便越深地陷在卑近，高远永远对你高远着。

为什么？

果真是命运之神压制你，限定了你吗？你果然命里只有八斗米，走遍天下不满升吗？

绝对不是。

你心性高傲、目标远大固然不错，但目标犹如靶子，必须在你的射程之内才有意义。如果目标太偏离实际，反而无益于你的进步。同时，有了目标，还要为目标付出代价，如果你只空有大志，而不愿为实现理想而付出辛勤劳动，那"理想"永远只能是胡思乱想、一文不值的东西。

好高骛远者首要的失误在于不切实际，既脱离现实，又脱离自身。你总是这也看不惯，那也看不惯。或者以为周围的一切都与你为难，或者你不屑于周围的一切，成天牢骚满腹，认为这也不合理，那也不公平；张三不行，李四也不怎么样，唯有自己出类拔萃——不能正视自身，无自知之明，是为好高骛远者的突出特征。你该掂量自己有多大的本事，有多少能耐。沾沾自喜于过去某方面的那一点点成绩，从来就不知道自己有什么缺陷，总是以己之所长去比人之所短，于是心中唯有自己的高大形象，从不患不知人，唯患人之不己知。一天又一天，一年又一年，总是抱着怀才不遇、无用武之地的感觉。

脱离了现实便只能生活在虚幻之中，脱离了自身便只能见到一个无限夸大的变形金刚。没有坚实的根基，只有空中楼阁，只有海市蜃楼。没有真正的本领和能耐，只有夸夸其谈和牛皮上天。没有确实可行的方案和措施，只有空空洞洞的胡思乱想。

——此为形成好高骛远者人生悲剧的前奏。

好高骛远者都是懒汉，害怕吃苦，情绪懒散，从精神到行动都游游荡荡，好逸恶劳，贪图享受。你甚至打心眼里瞧不起那些吃苦耐劳者，认为他很愚蠢；你也打心眼里瞧不起每天围绕在身边的那些小事，不屑于做它。

——此为形成好高骛远者人生悲剧的根本原因。

好高骛远者在人际关系中也是最不受欢迎的一类人。对地位比你高的人，或者巴结奉承、奴颜婢膝；或者不屑交往，认为他也没有什么了不起。而对地位比你低的人，则一律鄙视瞧不起。若你是个工人，则瞧不起农民，开口闭口都是乡下人这样脏那样丑。若你是个干部，则瞧不起工人，开口闭口"工贩子"，这样没修养那样没德行。结果，地位比你高的人瞧不起你，地位比你低的人也同样瞧不起你，你两头受鄙视，成了被抛弃的人。

——此为形成好高骛远者人生悲剧的又一重要因素。

结果当然是悲惨的。小事瞧不来也不愿做，而大事想做却做不来，或者轮不上你做。于是一事无成，眼看着别人硕果累累，你空有抱怨，空有妒忌。

怎么办？

如果你已经开始悔恨，如果你发誓从头开始，那么，所有美好的前途仍在向你招手。你不再技术犯规，不再发生人生操作方面的失误，你将仍然可以并入强人之列——

"图难于其易，为大于其细。天下难事，必作于易；天下大事，必作于细。是以圣人终不为人，故能成其大。"

要想渡过人生的难关，战胜人生中的种种磨难，完成天下的难事，要在你年轻单纯的时节，觉得为人处世容易和顺利的时候就开始。要想成就高远宏大的事业，实现你的理想和追求，必须从最细小最微不足道的地方做起，从最卑微的事情开始。

你只是看起来很努力

一颗不安分的心，是否该"远走高飞"

对念了十几年书的人说来，毕业后走上理想的工作岗位，自我感觉肯定是良好的。然而，就在这种一厢情愿的热忱中，很多人都会自觉或不自觉地陷入初涉工作岗位的误区。

过分看重自己，强调"发挥"年轻人的特长，应当成为适应环境的"催化剂"，而不该首先成为挑剔工作的"资本"。

把自己看得十分出色，至少不是一个"庸才"。要求从自己所谓"特长"出发，做到"人尽其才"，这是不少年轻人初涉岗位很容易走进去的误区。

小田第一天到广告装潢公司报到，对经理说的第一句话便是要求专业对口，而且要"充分注意到我的特长"。这位在大学美术系因为专业成绩不错而大受青睐的能人，很坦率地要求让他到广告设计部门，以为这才能发挥他的优势。

可是，公司经理首先让他到策划部门实习，再根据情况决定。

小田听后觉得不开心，认为这样做难以发挥自己的特长，到了策划部门既不安心，又不虚心学习，结果给人留下很不好的印象。

年轻人刚到工作岗位，是应当发挥特长，但这个特长只是个人所"认可"的，有时候并不是单位所立即需要的。因为每个单位都有个结构完整、最佳结合的问题。个人特长，只有让单位了解，并作为整体构成的一部分时，才真正是需要发挥的特长。

年轻人应该是特长服从需要，而不是需要迁就特长。这个关系要摆正，否则就会不顺当，埋怨安排不当，企望"一步到位"。

有许多过来人都说，初涉岗位的第一份工作，到后来想想都是起了良好的铺垫作用的。

工作岗位"定"在哪里？这是初涉工作岗位的人所关心的，总不愿"大门走对，小门走错"吧。

在大学新闻系素有"才子"之称的小沈，在校时已有许多篇文章问世，而且有的在社会上产生较大反响。

毕业时，小沈和其他几位同学一同被分配到报社。他有些想当然，以为一定会分在"要闻部"，至少当"记者"。可是一宣布，他被分到总编办公室，而另两位同学倒被安排在要闻部当实习记者。这下，他有些失望了。

他开始埋怨"安排不当"，开始怨言领导不识"货"实际上，领导上这样安排，并非不了解他，而是想让他全面了解报纸的运转过程，了解全局，以更好地发挥他的作用。

实际上，对初涉工作岗位的年轻人来说，先在被安排的岗位上积累些经验，对将来是有好处的。

还有一些年轻人的毛病是：轻视眼前工作，企求"远走高飞"。

对创业者而言，眼前的工作尽管比想象的要"差"，但比理想中的更为"现实"，就凭这一点，也应该干好它。

看轻眼前工作，以为"大材小用"，心里"好高骛远"，这也是初涉人世者容易犯的"毛病"。

文士从一所电子中专学校毕业后，被安排在一家银行。他学过电脑，会编程序，可谓是"玩"计算机的一把好手。不料，他被"发配"到银行下属的一个支行，做柜台的出纳。这下他有些"懵"了。整天与客户打交道，一笔又一笔收进付出，真让他感到枯燥。

领导知道文士是学电脑的，也想让他担负起一个支行的电脑管理的业务工作，之所以先安排"下基层"——做出纳、会计，意在让他熟悉整个工作流程。

对年轻人来说，任何一个岗位都是新的，都需要熟悉。应该去掉狭隘的"对口"想法和就高不就低的不实际要求，不能把专业对口所需要的"外延岗位"或"边缘岗位"都误作不搭界而舍弃。要明白，胜任一个职位，需要了解比该职务更广泛得多的知识。

对创业者而言，眼前的工作尽管比想象的要"差"，但比理想中的更为"现实"，就凭这一点，也应该干好它。因为是大材还是小材，事实最有发言权。

安不下心，总是"好高骛远"。

许多情况下，没走进去的想进去，走进去的想出来，这种"围城"现象也迷惑了不少人。

安不下一颗不安分的心，总想"远走高飞"，这是为数不少的初涉社会的人对不理想岗位的突出反应。

肖翔从职业技术学校领到文凭后，就开始在人才市场上"遨游"了，一会儿去应聘宾馆电路保养维修工，一会儿又上电脑公司当推销员，没多久，又被中外合资企业吸引住了。他每到一个新的工作岗位，心里总想应该有一个比现在更好的职位，所以没有哪个单位能拴住他，一般只干两三个月，一年多下来，工作岗位换了好几个。

当然，不能排斥肖翔会找到理想岗位，但这种"转法"，至少表明他的不成熟和不周全。初到一个工作岗位，首先要安下心，要耐得住寂寞。安心，既是初涉人世者胜任工作的需要，也是给人好的印象的开端。这山望着那山高，不顾条件地去"跳槽"，这并非有利。刚刚从学校毕业，没有多少资历与经验，要在工作的过程中积累，需要有相对稳定的工作环境，老是"打一枪换一个地方"，虽有新鲜感，但难以正常地积累。

　　再说，"远走高飞"的目的地，也并非处处是好开垦的"处女地"，是摘得下果实的"果园"，而且在社会上有很高知名度和众人看好的职位对于你可能并不合适，因为各人的水准、适应面是不一样的。重要的在于谋取一份经历，通过一个阶段稳定的工作，来判断适合与否。一味热衷"跳槽"，以为这样才能显示自己的才能，这种看法是有缺陷的。

　　要走出初涉工作岗位的误区，也并非难事。

　　首先，要有从底层做起的思想准备。正像高楼大厦平地起一样，要极有耐心地从砌一块砖、一堵墙做起。一心想速成一个"建筑师"，是不现实的。只有在砌墙加瓦中才会学到真本领，踏上理想的坦途。

　　其次，要有安于工作的现实态度。不企求"一步到位"，但求"步步到位，，对眼前的工作有一个正确的态度，并视之为理想岗位的"阶梯"。学会在平平淡淡中发挥自己的作用，让别人感受到真才实学。

　　再次，随时调整自己，即使碰到不顺利也能调整自己来重新获得平衡。

不断学习是最佳的工作保障

在知识经济大潮不断袭来的今天，学习已是组织或个人生存和发展的根本。从某种意义上来说，学习已成为现代人的第一需要。

古语有云："学而不思则罔，思而不学则殆。"就连孔老夫子都有"君子不患无位，患无以立"的观点，就是说一个有修养的人并不害怕没有职位，他害怕的是是否有足够的能力来把这个职位做好。

在一次用人决策中，洛克菲勒撇开罗伯茨，任命芬顿为业务部长。这最终决定的依据，从洛克菲勒来看，不是根据他们两个人完全一样的经历和素质，而是根据"不断地学习""能和公司一起成长"的积极的、热情上的差异来选拔的。汽车大王亨利·福特也曾说过："人若停止学习便会老化，无论是两岁或是八十岁；不断学习令人保持年轻，人生中最重要的事情是让头脑经常保持年轻。"像亨利·福特这样成功的人士，也会觉得"学如逆水行舟，不进则退"。而如今，我们身处的社会，每天都有新发明，资讯科技日新月异，不禁要问，我们有足够的装备吗？

今天我们所学的知识，明天可能可以应用 50%，后天也许只是 20%，要是不及时补充能量，而大后天我们的知识存量就将消耗殆尽。换言之，我们对企业已经一点利用价值都没有了，最后无法逃脱被淘汰的命运。何况，在人才市场上时刻有千万大军"埋伏"在一边，一旦我们的竞争优势丧失了，他们将随时准备替补。而我们的去向将是去领取失业保险金或最低生活保障金以至社会救济金，这样的事情是多么可怕啊！

感叹世事多变的人很多，抱怨时代的变迁如此之快的人也很多，但几乎没有人认识到：人们只是追赶在时代之后，而没有尽量主动地去引领时代，或者说得更实在一些，就是没能把自己的职业生涯主动把握住。

主动出击是放在我们面前的另一种选择。通过对自身人力资本的投资，使自我价值得到提升，在职场上让自己拥有主动权。这就要求我们不但要掌握谋生的知识技能，及时更新自身的知识及其结构，更重要的是学习内容具有一定前瞻性，学习创造性的思维方法，重视成功素质潜能的开发训练。

使知识装备不断更新，自我的最高境界是善于超越自我，不断进步，这样才能不断成长，公司才会提拔重用你或给你加薪。因为，企业关注的是而且只是你给公司创造多少价值，带来多大利润。提倡终身学习从人力资源的角度看，可带动机构发展。管理学上有个名词叫作"学习机构"，理论非常简单，每个机构内的成员除了在工作岗位上边做边学外，也不忘留心外面的发展，不断学习新事物，提升自己的能力。工作效率随着员工能力的提高会变得越来越好，对整个机构都会带来正面的帮助。准备迎接未来的挑战，你装备好了没吗？

这一点对于企业来说也尤为重要。领导们纷纷鼓励员工抓住一切机会充实自己，致力于将自己的企业建设为学习型组织。因此，对于每位员工来讲，为自己充电，既能提高自身价值，又能够得到公司领导的支持和赏识，何乐而不为呢？而实际上，

你只是看起来很努力

领导们的这种态度，也只是源于企业的长远发展，因为企业要掌握自己的命运，在生存、发展和消亡之中做出选择。要使企业立于不败之地，只有通过不断增加企业内部人力资源质量，不断获取最新信息，革新技术、工艺，创造新业绩。

这个时代的标志是知识的生产、存储、传播和使用。我们学习的时空正面临革命性变革，我们所在的时代，已经是一个终身学习的时代，学习场所得到极大的拓展，学校、家庭、企业、社会教育的界限日渐融合，整个社会成为一所"大学校"，只要你愿意，学习机会随时随地都有。

如今，知识经济大潮不断袭来，学习已成了组织或个人生存和发展的根本。学习在某种意义上来说，已成为现代人的第一需要。我们务必抱定这样的信念：活到老，学到老。应该切记：最难战胜的劲敌就是一步也不放松的人。

卓越的人从来都不怀疑自己的能力

威尔逊曾指出：要有自信，然后全力以赴——假如具有这种观念，无论做任何事情，十之八九都能成功。

自信就是相信自己，相信自己的能力和价值，换句话说也就是对自我能力和价值的肯定。

自信是卓越员工必备的一项心理素质，自信心是决定一个人成功的重要因素之一。

但是，怎么判断一个人具不具有自信这种心理素质呢？心理学家的研究显示，自信与很多行为相关联。要知道一个人自不自信，必须通过观察其一贯的行为表现后才能做出判断。

自信行为表现的特征体现在下面几点上：

敢于把消极情感表达出来。比如，敢于拒绝别人过分的请求，争取自己的权利；表达自己的愤怒，要求打扰自己的人改变他们的行为。

接受并积极应对个人极限。敢于承认自己犯了错误，虚心地接受批评，谦虚好学，能够不耻下问。

敢于表达自己。敢于表达不一样的意见，不迷信权威，不人云亦云，承认在观点上自己与别人存在差别。

积极的行为。能够发现别人的优点或成就，擅长表扬他人，也可以坦然接受他人的赞扬。

自信即所谓相信自己的价值和能力，一个人所取得成就的大小绝对无法超出他的自信程度，缺乏自信的人好比鸟儿没有翅膀一样可悲。在竞争激烈的现代社会中，缺乏自信的人肯定最先被淘汰，因为常常在刚刚进入竞争时，他们就因为不自信而放弃了。

缺乏自信的人通常会拱手把本应属于自己的成功让给他人，因为他们不敢相信自己的能力和价值，他们从来就觉得成功只不过是一种奢望，结果真的就把只需伸伸手、努把力就可以得到的成功化为乌有——成功正像他们想的那样，成了一种奢望。

不敢相信自己的能力和价值会让人缺少工作的主动性，把积极性和进取心丧失，也会使工作热情大大挫伤。这样的员工在每一个重视人才、讲究成效的企业中都得不到重用，而且老板和上司还会严重怀疑这些员工的能力和价值。

卓越员工从来都不怀疑自己的能力和价值，他们总是对自己的工作充满信心，所以他们对工作的积极性、主动性和工作热情也得到了进一步的增强，从而和别的员工比起来，他们的工作效能和工作业绩也提高得更加明显。企业当然需要，并且希望把这样的员工留住，充满自信的卓越员工可以为企业创造更高的价值，拥有较多这种员工的企业一定能在竞争中处于有利地位。

不自信者老是自己被自己打败，自信者总是可以坦然迎接成功的考验和失败的挑战，而通常他们最终可以获取较大成功。

不自信的人在工作中的主要表现是：

过低评价自己的能力、学识、品质等自身因素；心理承受能力脆弱，无法经受较强的刺激，谨小慎微，多愁善感，常产生猜疑心理；行为畏缩、瞻前顾后等。这种心理的存在肯定会消磨人的意志，软化人的信念，淡化人的追求，埋没人的潜力，钝化人的锐气，畏缩不前，从自我怀疑、自我否定起，以自我埋没、自我消沉结束，使人陷到悲观哀怨的深渊里无法自拔。

在接受上司安排的任务的时候，不自信的员工往往缩手缩脚、消极应付，在与同事合作时往往退避事后、推脱责任，在与客户打交道时往往缺乏一份从容和镇定……不自信的员工自己堵住了自己通往成功的道路，而缺少成功的经历使他们变得越来越不自信，于是一个无法跨越的恶性循环形成了。

可以讲，在办事情之前，不自信的员工首先从士气上就把自己打败了，等到真正失败那一天，他们又会把失败的原因归结为困难太多、别人不配合、自己的能力太低等。其实因为不自信，在事情进行之前，就已经把最终的失败决定了。

不自信者总是觉得自己必定会失败，充满自信的卓越员工觉得"除非是自己，没有任何人、任何事物能阻碍我成功"，两种迥异的思想决定了同为企业员工的不一样的命运，成功与失败全由自己掌握，不自信者总是自己被自己打败，自信者总是可以坦然迎接成功的考验和失败的挑战，而最终他们能取得较大成功。

卓越员工总是用"我可以""我能行""我会成功""这件事我必定会做得非常完美"等思想来使自己受到激励，他们在这些积极思想的激励下，其潜能不断得以开发，在执行任务的过程中他们也积累了丰富的经验，并使自己各方面的能力得到了充分的锻炼。自信有助于卓越员工获得一次次的成功，与此同时，也给以后的成功奠定了坚实的基础。

自信能振奋人心、鼓舞士气、使潜力释放，大多缺乏自信的人很难成功的原因，主要在于自己，而既非任务太难，也不是别人不配合，是自己将自己击得落花流水。正是由于这样，企业才会只赋予充满自信的卓越员工以重任，卓越员工才会越来越卓越。

恪守"尽善尽美"的原则

做事精益求精，不但可以使你的精神愉快、身强体健，并且可以使你的才能迅速进步，学识日渐充实，而逐步胜任其他更重大的工作。所以奉劝初入社会、希望成功的青年们都要熟记四个字："尽善尽美"它将是你一生成败的关键。

一个能够享有盛名、迅速成功的人，做起任何事情来，一定十分清楚敏捷，处处得心应手；一个为人含糊不清的人，做起事来，一定也是含糊不清。天下事不做则已，要做就非做得十分完善不可，不然你一定会被淘汰。

在宾夕法尼亚的山村里，曾有一位出身卑微的马夫，他后来竟成为美国一位著名的企业家，他那惊人的魄力、独到的思想，为世人所钦佩。他就是查理·斯瓦布先生。

年轻的朋友们，如果你要学斯瓦布先生，请记住他的成功秘诀：他每得到一个新位置时，从不把月薪的多少放在心里，他最注重的是把新的位置和过去的比较一番，看看是否有更大的前途。

当他还在钢铁大王卡耐基的厂中做工时，曾自言自语地说："总有一天我要做到本厂的经理，我一定要做出成绩来给老板看，使他自动来提拔我。我不去计较薪水，尽管拼命工作，我要使我的工作价值，远超乎我的薪水之上。"他打定了主意，抱着乐观的态度，欢欣愉快地努力工作。那时恐怕任何人也料不到他会有今日的成就！

斯瓦布先生小时候的生活环境非常贫苦，他只受过短期的学校教育。从 15 岁起，就在宾夕法尼亚的一个山村里赶马车。过了两年，他才谋得另外一个工作，每周只有 2.5 美元的报酬。可是他仍无时不在留心寻找机会，果然，不久又得到了一个机会，他应某工程公司的招聘，去建筑卡耐基钢铁公司的一个工厂，日薪 1 美元。做了没多久，他就升任技师，接着升任总工程师。到了 25 岁时，他就当上了那家房屋建筑公司的经理。又过了 5 年，他便兼任起卡耐基钢铁公司的总经理。到了 39 岁，他一跃升为全美钢铁公司的总经理。现在他是伯利恒钢铁公司的总经理了。

斯瓦布每次获得一个位置时，总以同事中最优秀者作为目标。他从未像一般人那样离开现实，想入非非，那些人常常不愿使自己受规则的约束，常常对公司的待遇感到不满，甚至情愿彷徨街头等待机会来找他。斯瓦布深知一个人只要有决心，肯努力，不畏艰难，他一定可以成为成功的人。他的一生就像是一篇情节曲折的童话，我们从他一生的成功史中，可以看出努力劳动的伟大价值。他做任何事情总是十分乐观和愉快，同时要求自己做得精益求精。因此有些必须考究一点的事情，非请他来处理不可。他做事总是按部就班，从不妄想一跃成功，他的升迁都是势所必然的。

一个职员若想迅速得到提升，只要去成就一件别人没有做成、不会做或急切需要的工作即可，这样他就很容易超越那些资格比他老的职员。一个人做起事来勤奋刻苦，处处替老板着想，随时用用脑子，想出些聪明、独到、完善的计划来，那时他的上司当然会对他十分注意，觉得确实应该提升他的位置了。

没有一个老板不喜欢忠诚可靠的部属，他们无时不在考察谁是可靠的，谁是不可靠的。他对于员工是否偷懒、是否贻误事情都知道得很详细。任何偷闲误事的员工都逃不过老板的眼睛，迟早都会被他发觉。

有许多人，他们虽然不对人说谎，或做些有意骗人的事，但因为他们在工作上不能让人信任，所以人家最终总难以把他看作是可靠的人。

一般的老板，对于他们员工的品格，多半知道得很详细，他明白哪几个人是专门在寻找偷懒的机会，哪几个人只是在他面前干得起劲，一等他走开之后就丢开不做了。一个最让老板信任的部属，无论有没有偷懒的机会或老板在不在面前，他总是能认真地工作，毫不怠惰、忠于职守。

一个员工，如果想获得提升的机会，第一步，他应先得到老板的信任。任何老板，绝不会凭空提拔一个他所不信任的人。他所希望的员工，是无论在他面前或背后都一样努力，忠实可靠，甚至在他背后，做事还会格外起劲一些的人。

那些提升得很快的人，随时随地都会替老板的利益着想，他能尽力替老板分担工作，竭力帮助老板实现他的计划。

所以，获得提升的秘诀：（1）忠于职守，诚实可靠；（2）时时替老板的利益着想；（3）勤奋刻苦，努力工作。

你希望快些提升，早些得到更高的位置，就绝对不可养成非要被逼着不肯工作的劣习。你必须随时完成老板所想去做的事情，你必须发挥所有的独创力、先见力，运用所有的知识，以尽快解决那些随时会发生的问题。

没有一个专门等着人家来指点才去工作的人，会得到迅速升迁。世上最有希望成功的人，无不有着判断迅速、勤劳果敢、工作主动的可贵品格。

如果你养成了"说一句、动一下"的习惯，那么你所有的能力、天才、智慧、独创力都将因此而逐渐消失，永无出头之日了。

你做任何事，万万不可想："我只要照着上司的吩咐和方法去做就行了。"你必须在那件事上竭力发挥你的才智、见解、独创力，才容易令人折服。

只要你仔细留心，就可以发现许多不必等人吩咐就应去做的事。对于这些事，如果你存在着"老板不在这里，省省力气"的心思，你的前途就再也不会有什么希望了。因为每一个老板对于员工在背后努力与否，都是非常重视的。

做事不认真，处处希望投机取巧，随时担心自己所耗费的精力和时间已经超过薪水的报酬，因为没有额外的津贴，便不肯多动动手，不肯多提出一些改进的意见。对于同事冷淡、鄙视，常常劝他们不要白替老板效劳——这种青年，任凭他的学识怎么丰富，本领怎么大，也不会有出头的一日。

太自私——这是通往成功之路的最大障碍。有些青年常惊奇他们上升得太慢，如果老板再告诉他们"这完全是因为你太自私的缘故"，他们一定会越发惊奇了。实际上，他们只要替老板想想，就知道一个忠实、刻苦、和善、宽怀的员工，确是老板所最需要的，就容易得到提升的了。

我们时常可看见那些明明有资格赚5000元薪水的人，却在赚1000元的薪水；明明资格、才干都在他人之上的人，却屈居人下，他们无非只是坏在一些坏脾气和小弱点之上。青年们常常只看见一条铁链上坚固的环，却忽略了其中最重要而且有毛病的环。我们平时千万不要因为自己有了几个坚固的铁环，便自夸自大起来，你只要向几个不可靠的环查看一下，就会觉悟到自己确实十分危险了。这就是说，我们万万不可忘记自己的缺点，因为它，我们的整个链条都将被折断。

还有许多青年人不能进步，往往都坏在一个更小的毛病之上一草率多误。任何事情，一经过他的手，别人就再也不能放心，不得不再去复核一次，他做事情永远是错误多端，粗忽拙劣。

有些会计人员，算起账来错误连篇，写出来的账目满纸涂改，所以只好永远拿那么一点微薄的薪水，勉强度日，永无进大银行、大公司的希望。

他们也许在其他方面有很多优点，但因为有了这个小小的瑕疵，便与应有的成功机会失之交臂。他们不知道，一个做事马马虎虎、粗俗糊涂的人，性格也就很容易同化。他们不知道，做事的习惯不但会影响他们的前途，并且更易影响他们的性格发展。

不管是谁，都不会信任一个做起事来拖拖拉拉的人，因为他们在精神与工作上含糊粗拙，一点也靠不住，只要一看见他那粗拙的成绩，就会想到他的为人。

小说家艾略特在《初春》中，描写过这样一个失败者：此人名叫维西，他本来是一个出名的丝织品经营商，只因后来听了他舅舅的话，使用一种廉价的染料，以致产品质量拙劣易破，生意也就跟着一落千丈了。相反，有一个名叫皮特的人，却因做事忠诚认真，所以有资格拿着很高的薪俸。

天下事不做则已，要做就非做得十分完善不可，不然你就一定会被人淘汰。那些做起事来只有一半可用的人，任何人都不会对他产生信任。他开出去的借据没人愿意接受，他替人管理金钱也没有人敢相信他，无论他走到哪里，都不会受人欢迎。

我们只要稍微留意那些违法乱纪、遭人白眼、铤而走险的无数失业者的品格，就可以知道他们大半是那些做事拖拉不爽的人。一个人，当他有工作可做时，只要处处一丝不苟，力求完善，没有其他过分的恶习，绝对不会因失业而弄得走投无路。

如今世界各地真不知有多少人处于失业的恐慌之中，但同时那些大公司、大厂家却又跑遍各地，寻求那些忠实干练的人才。

一位老板要提拔一名员工，当然要挑选办事稳妥、迅速周到的人。他们绝不会看中那些拖拉懒惰、做事总是留下后遗症而必须经人东修西改的人，他们最满意的人，做起事来必须有条不紊，不辞劳苦。

随你去问哪一位雇主，他们都会告诉你：一个不能进步的青年大半失败在做事不能勤快、完整上。有些人从小读书时，就已养成了"拖拉癖"，读书不求甚解，考试只知应付；他将来服务于社会时，一定也会犯没有条理、专门东凑西拼的毛病。到了那时，他再想改，可就困难万分了。

这种"拖拉青年"，常常翻箱倒柜地寻找他亲手放置的东西，有时连自己放在哪里都不知道。他不知道自己所念过的书是否已经了解；他常常迟到；他记起账目来总得复算好几遍，涂改许多次，才能正确无误。总之，他无异于在杂乱无章的垃圾堆里过完了一生。这种坏习惯不但害了自己，并且还带坏了别人。凡是在他手下工作的人，都将他视作"榜样"，不把事

你只是看起来很努力

情当作事情去做，只知应付了事，因为他们看见上司也是这样，到头来，所有的人都将受害无穷。他们事事都做不好，处处都乱七八糟。他们的整个商店既已深深地中了这个毒，生意也将大大地清淡下去，他再也想不到自己一生的事业，完全会败在这样的毛病上。

真诚地希望一般青年男女牢记这几句话：事情不分大小，都应使出全部精力，做得完美无缺，否则还不如不做。一个人如能从小养成这样的好习惯，他的生活一定会过得满足愉快，无牵无绊。

要想过上一种美满愉快的生活，只需做事精益求精，力求完善。当一个人把事情处理得顺顺当当、无牵无挂时，他心里的愉快，真非笔墨所能形容。那些做事草率疏忽、错误多端的人，不但对不起事情，而且对不起自己！

这里我谨以一句金言奉赠各位："竭力养成爱美的习惯！"如果你接受这一帖兴奋剂，你的胸怀一定会开阔不少，你的品格一定会受到极大的感化。世上再没有其他好办法能使你在精神、才能上获得这样大的益处。

有许多人往往不肯把事情做得尽善尽美，只用"足够了""差不多了"来搪塞了事。结果因为他们没有打牢根基，所以不多时，便像一栋不稳定的房子一样倒塌了。

失败最有效的诀窍，就是从小养成不整洁的习惯。而成功的最好方法，就是把任何事都做得精益求精，尽善尽美。

做事精益求精，不但可以使你的精神愉快、身强体健，并且可以使你的才能迅速进步，学识日渐充实，而逐步可以胜任其他更重大的工作。

司特莱底·瓦留斯先生是一位著名的小提琴制造家，他制成一把小提琴，往往要经过不少岁月。但是你可不要以为他太痴了，他所制造的成品现在已成稀有宝贵的珍物，每件能值万金。由此可知世上任何宝贵的东西，你如果不付出全部精力，不畏千辛万苦地去做是不能成功的。

做事尽善尽美，不但能够使你迅速进步，并且还将大大地影响你的性格、品行和自尊心。任何人若是要瞧得起自己，就非得秉持这种精神去做事不可。

工作上完美无缺的人，总是受人欢迎的。所以你应该早些打定主意，非把任何事情处理得至善至美不可。对于任何事，你都要倾注全部精力去做。

快些下决心吧，不要管别人做得怎么样，事情到了你的手里，就一定要将它做得完美无缺。你一生的希望都在这个上面，千万不要再让那些偷闲、取巧、拖拉、不整、不洁的坏习惯来阻碍你了。

拥有"全力以赴"的做事态度

在通常情况下，人们最佩服的人就是那些意志坚定的人。

如果你认真地审视过自己，对自己的体格、学识、专长、才华和兴趣有一个深刻的了解，同时你也已经找到"性之相近、力之所能"的职业了，就不要再犹豫不决、彷徨失措了，更不要想尽办法去找比当前更好的工作，你应该做的是坚定意志，对自己的选择集中精力、全力以赴。

　　但是如果你真的认为目前的工作是错误的选择，并且坚定地相信，如果换其他的工作一定会比目前的处境更好，那么就不要等待，当机立断，马上去寻找新的适合你的岗位。

　　一个有决心的人，人们都会相信他，会对他充满信任；一个有决心的人，别人也乐意对他施以帮助。而那种做事不一心一意、没有干劲和毅力的人，是得不到信任和支持的，因为所有的人都知道他不可靠，随时都有失败的危险。

　　许多无缘触及成功的人，不是因为他们缺乏能力和诚心或者是没有对成功的渴望，而是他们缺乏足够坚强的决心。这种人对待问题的时候经常虎头蛇尾、有始无终，做起事来也是东拼西凑、草草了事。他们总是怀疑目前所做的事情是否能取得成功，永远都在考虑到底要从事哪一种职业。有的时候他们认定某种职业一定能取得成功，但做到一半他们又觉得还是另一个职业比较保险；他们偶尔对现状心满意足，但经常又怨天尤人。这种人最终必定失败，对于这种人所做的事情，肯定不会有人担保，因为连他自己也常常毫无把握。

　　在事业的道路上，你只要充分地挖掘自己的潜能，就会在无形中发现了一条迈向成功的光明大道，否则，你永远不会取得成功。一个人一旦有了钢铁一样的决心与毅力，无形中就能给他人一种信用的保证，使别人觉得他做事一定会负责，成功一定就在他左右。

　　举个例子，一位建筑师作好图纸后，如能完全按照图样，按部就班地去施工，一座理想的建筑用不了多少时间就会拔地而起。但如果这位建筑师一边施工，一边不断地改动图纸，那么这座建筑还能盖成吗？

从这里我们也应该知道，无论做任何事情，下决心时固然应该认真思考周到，但一旦主意打定后就不能有所动摇了，而应该依照预先拟定的计划，踏踏实实去实施，一步一个脚印，不达目的决不放弃。

世界上遇事迟疑不决的人没有一个能够成功。成功者的共同特点是：他们不会因任何困难而垂头丧气，只会咬定青山不放松，勇往直前不放弃。

当然意志坚定的人也会遇到障碍，碰到困难和挫折，但即使他失败了，也不会被摧毁。我们经常听到别人这样问："那个人还在努力吗？"这也就是说："那个人的前途还有希望吧？"只要坚定自己的意志，即使资质平平的人也会有成功的一天。相反，即使是一个能力非凡才识超群的人，只要优柔寡断也将无法避免失败的命运。

一家举世闻名的保险公司总经理说，在实际工作中，他所遇到的最大困难就是选择值得信任的职员。这位总经理说，每次严格的招聘考试都难得有一两位候选人是令人满意的。

原来他的考试很特别，目的在于考察应试者是不是一个坚持决心的人。当他对应试者进行面试时，就用各种消极的话语来考查应试者的意志，提醒他们保险业的各种危机和实际工作中的巨大困难，用这种方法来试探他们的决心。

有一些人听了他的话之后，就觉得前途一片惨淡，因而放弃了要去保险公司发展的想法。而只有很少的人在听了这位总经理对前途的种种惨淡描述后，仍然坚持决心；同时，言谈举止之中能够处处谨慎、大方，并能表现出忠诚可靠、勇于挑战的个性，这样的人才是保险业所需要的。

　　坚定、勇敢、富有忍耐力，是合格应试者所需的必要条件，如果缺乏这些条件，无论拥有多么渊博的才识，也无法得到这份工作。

　　那位总经理还说："我们所需要的人才，是坚韧不拔、工作起来干劲十足、有奋斗进取精神的人。现在我们的职员绝大部分很有成就，他们现在的能力也在一般人之上。但我发现，其中最能干的大都是那些资质平平、没有受过高等教育的人，但他们拥有'全力以赴'的做事态度和'奋斗到死'的工作精神。'全力以赴'的人获得成功的机会大约占到九成，剩下一成的成功者靠的是'天资过人'。"

　　如今的求职者最应具备的条件，除了"忠诚"以外，还不能缺乏"勇气"。"决心"固然重要，但有时会因能力不足、经验有限而受阻不前，而唯有依靠"勇气"，我们方能战无不胜，勇往直前。库伊雷博士曾经说过："许多青年人的失败都可以归咎于缺乏恒心。"是的，许多青年很有才气，也具备获得成功的能力，但他们最致命的弱点是没有恒心、没有忍耐力，所以，他们的一生注定只能从事一些平凡的工作。他们往往一旦遭遇小小的困难与阻力，就立刻退缩不前，放弃希望，这样的人怎么可能成功呢？如果你想要获得成功的喜悦，就必须为自己赢得美好的声誉，让你身边的人都知道：一件事只要到了你的手里，就一定会做成。

　　我认为，一个不诚实的人是不可能获得成功的。

把最重要的事情，摆在第一位

把自己认为最重要的事情摆在第一位，这是一个好习惯，否则你就会被一些不重要的事耽误精力和时间。对于成大事者而言，"永远先做最重要的事情"是他们的工作习惯！

在现实生活中，天天会有各种事情纷至沓来，让我们忙于应付。然而请记住：不管事情有多少，永远把最重要的事情先做好。坚持下去，在不知不觉中，你就向成功靠近了。

美国伯利恒钢铁公司总裁查理斯·舒瓦普向效率专家艾维·利请教"怎么把计划更好地执行"的方法。

艾维·利声称能在10分钟内就把一样东西给舒瓦普，这东西可以把他公司的业绩提高50%。接着他把一张空白纸递给舒瓦普，说：

"请在这张纸上把你明天要做的6件最重要的事写下来。"

舒瓦普花了5分钟把它写完。

艾维·利然后又说：

"现在用数字把每件事情对你和你公司的重要性次序标明。"

这又用了5分钟。

艾维·利说：

"好了，把这张纸放到口袋里，明天早上首先要做的事是把纸条拿出来，做第一项最重要的。别看另外的，只是第一项。动手办第一件事，直到完成为止。接着用相同的方法对待第二项、

你只是看起来很努力

第三项……直至你下班为止。要是只做完第一件事，那没关系，你在做的总是最重要的事情。

最后，艾维·利说：

"天天都要如此去做——您刚才看到了，只用10分钟时间——你对这种方法的价值深信不疑以后，叫你公司的人也如此去干。这个试验你愿意做多久就做多久，然后把支票寄给我，你觉得值多少就给我多少。"

舒瓦普在一个月以后给艾维·利寄去一张2.5万美元的支票，还附上了一封信。信上写道，在他一生中，那是最有价值的一课。

过了5年，这个当年鲜为人知的小钢铁厂一跃而变成世界上最大的独立钢铁厂。人们普遍觉得，对于小钢铁厂的崛起，艾维·利提出的方法功不可没。

人们往往根据事情的紧迫感，而并非事情的优先程度来把先后顺序安排好，这样的做法是被动而不是主动的，成大事者通常不会如此工作。

"分清轻重缓急，设定优先顺序"，这就是时间管理的精髓所在。

成大事者都是用分清主次的办法来把时间统筹好的，哪里最具"生产力"，他们就把时间放在哪里。

面对每天大大小小、纷繁复杂的事情，怎么把主次分清，把时间用在最有生产力的地方，有以下三个判断标准：

1. 什么是你必须做的

这有两层意思：是不是必须做，是不是必须由我做。一定得做不可，但并不是一定要你亲自做的事情，可以委派别人去做，自己仅仅负责督促。

2. 能给你最高回报的是什么

应该把 80% 的时间用来做能带来最高回报的事情，而用 20% 的时间做别的事情。（巴莱托定律）

"最高回报"的事情就是符合"目标要求"或比起别人自己会干得更高效的事情。

哪里有最高回报，那个地方也就是最具生产力的地方。这要求我们必须把"勤奋""业精于勤荒于嬉"辩证地看待。勤，在不同的时代其内容和要求也不一样。以前，人们将"三更灯火五更鸡"的孜孜不倦看成勤奋的标准，可在快节奏高效率的信息时代，需要给勤奋下新的定义了。当今时代"勤"的特点，就是所谓的勤要勤在点子上（最有生产力的地方）。

日本大部分企业家在前些年还把下班后加班加点工作的人看成最好的员工，现在却未必了。他们觉得一个员工靠加班加点来完成工作，表示他非常可能不具备在规定时间内把任务完成的能力，工作效率低下。能得到社会承认的只有有效劳动。

勤奋已经不是时间长的代名词，勤奋是在最少的时间里把最多的目标完成。

伟大的苏格拉底说："当在一条路上，很多人徘徊不前的时候，他们只得让路，让那些珍惜时间的人赶到他们的前边去。"

3. 能给你最大满足感的是什么

回报最高的事情，并不是都可以给自己最大的满足感，均衡才有和谐满足。所以，不管你地位怎样，总需要把时间分配在让人满足和快乐的事情上。只有这样，工作才是有趣的，并容易保持工作的热情。

经过上面的"三层过滤"，事情的轻重缓急非常清楚了，接着，以重要性优先排序（注意，人们总有不依照重要性顺序办事的倾向），并坚持按这个原则去做。你将会发觉，比起按重要性办事来，没有另外的办法更能有效利用时间了。

"永远先把最重要的事情做好。"这不只是一句格言，更是在日理万机中井井有条的良好习惯。

每一件小事，都要尽善尽美

做事一丝不苟，意味着对待小事和对待大事一样谨慎。生命中的许多小事中都蕴含着令人不容忽视的道理，很少人能真正体会到。那种认为小事可以被忽略、置之不理的想法，正是我们做事不能善始善终的根源，它导致工作不完美，生活不快乐。

人们看待问题的方法是有局限的，我们必须从内部去观察才能看到事物真正的本质。有些工作只从表象上看也许索然无味，一旦深入其中，就可以马上认识到其意义所在。

如果只从他人的眼光来看待我们的工作，或者仅用世俗的标准来衡量我们的工作，它或许是毫无生气、单调乏味的，没有任何吸引力和价值可言；但如果你抱着一种使命感的心态和学习的态度，工作就会变得很有意义。

桑布恩先生是一位职业演讲家，曾经有一位优秀的邮差弗雷德给他提供最好的服务。在全国各地举行的演讲与座谈会上，他都会拿出这位邮差的故事和听众一起分享。

似乎每一个人，不论他从事的是服务业还是制造业，不论是在高科技产业还是在医疗行业，都喜欢听弗雷德的故事。听众对弗雷德着了迷，同时也受到他的激励与启发。

"我的名字是弗雷德，是这里的邮差，我顺道来看看，向您表示欢迎，介绍一下我自己，同时也希望能对您有所了解，比如您所从事的行业。"弗雷德中等身材，蓄着一撮小胡子，相貌很普通。尽管外貌没有任何出奇之处，但他的真诚和热情通过自我介绍溢于言表。

桑布恩收了一辈子的邮件，还从来没见过邮差做这样的自我介绍，这使他心中顿觉一暖。

当弗雷德得知桑布恩是个职业演说家的时候，弗雷德希望最好能知道桑布恩先生的日程表，以便桑布恩不在家的时候可以把信件暂时代为保管。

桑布恩先生表示没必要这么麻烦，只要把信放进房前的邮箱里就好。但弗雷德提醒道："窃贼会经常窥探住户的邮箱，如果他们发现邮箱是满的，就表明主人不在家，他们就可能为所欲为了。"

所以弗雷德建议只要邮箱的盖子还能盖，他就把信放到里面，别人不会看出桑布恩不在家。塞不进邮箱的邮件，他就把信件搁在房门和屏栅门之间，从外面看不见。如果房门和屏栅门之间也放满了，他就把剩下的信留着，等桑布恩回来。

桑布恩在多次演讲中提起弗雷德的故事后，有一个灰心丧气、一直得不到老板赏识的员工写信给桑布恩。信中表示弗雷德的榜样鼓励了她"坚持不懈"，做她心里认为正确的事，而不计较是否能得到承认和回报。

在一次演讲之后，一位听讲的经理把桑布恩拉到一边，对他说他现在才认识到，原来一直以来自己事业的理想就是做一个"弗雷德"。他相信，在任何一个行业和领域里，每个人的奋斗目标都应该是杰出和优秀的。

现在已经有很多公司创设了"弗雷德奖"，专门鼓励那些在服务、创新和尽责上具有同样精神的员工。

刚进职场的年轻人，很少马上就被委以重任，往往是做些琐碎的工作。但是不要小看它们，更不要敷衍了事，因为人们是通过你的工作来评价你的。如果连小事都做得潦草，别人还怎么敢把大事交给你呢？

无论幸运与否，每一件事都值得我们去做，不要小看自己所做的每一件事，即便是最普通的事，也应该全力以赴、尽职尽责地去完成。

努力成为不可替代的人

金融界的杰出人物罗塞尔·塞奇说："年轻人起步的最好方法是：第一，谋求一个职位；第二，珍惜第一份工作；第三，养成忠诚敬业的习惯；第四，认真仔细观察和学习；第五，成为有礼貌、有修养的人；第六，成为不可替代的人。"

从本质上来说，这个世界上有两种人是不可替代的，一种是某一领域的最强者，另一种人就是创新者。前者无人能敌，后者则永远走在别人的前面。而只有努力成为不可替代的人，你才能始终拥有悠闲的心境和怡然的生活。

好多刚走出校园的大学生、研究生、博士生，对自己抱有的期望值非常高，觉得自己受过多年教育，进行了多年的人力资本投资，凭自己的知识和才能，开始工作就应该受到重用，就应该得到极其丰厚的报酬。工资的多少成为衡量所有的标准。可他们是不是曾经换个角度思考过，倘若自己拍桌子走人后，会不会对公司正常运转产生丝毫影响，你是不可或缺的吗？

尽管从更高的层面来讲，正类似我们前面大多数论述的那样，老板和员工的利益应该是一致的。但这种一致其实是建立在老板和员工之间不断博弈的基础上的。老板与员工依旧要从各自的愿望出发，做出利己的行为。老板追求任何人都是能替代的，员工都追求自己是无法取代的，企业和员工在博弈，彼此比赛成长的速度，企业和员工都因这样的博弈而得到成长。因此，理性的老板和员工的行为到最后都将使彼此受益。

对老板来说，任何老板都希望尽可能使自己的风险，如财务风险、市场风险、用人风险减少，其中用人风险是最大的风险，这也是许多老板爱用"听话人"的原因。所以每个老板，自觉或不自觉地都在想："我是公司的老板，我要掌握自己的命运，而不能让某个或某几个员工掌握。所以我要让公司中的任何人都是能够替代的，我要把自己的命运把握住。"

而对于员工而言，理性的员工就会这样想："我活着是为了我自己，只有我自己最在乎自己，我要把命运掌握在自己手上，而并非把希望寄予公司能施舍给我什么。世上不存在救世主，救自己的只有我们自己。因此我在公司工作，就要把全部能力贡献出来，争取到最大利益。如何做到这一点呢？我要做到公司无法缺少我，我要成为无法替代的。"

那么，如何才能够不可替代呢？

要是你在本业务领域能找出来更有效率、更经济的办事方法，在个人职业精神方面，你是敬业的、勤奋的、忠诚的和自动自发的，那么你就可以提升在老板心目中的地位。老板会邀请你去参加公司的决策会议，将调升你到更高的职位，因为你已经变成了一位无法替代的重要人物。

要是你是不可替代的，你不但拥有了与老板博弈的砝码，同时拥有了同事的敬重、顾客的欣赏，你将备受欢迎。尽管无法一夕成功，但也绝没有永远失败的顾虑。因为优秀的人才总是被社会需要。那些思虑不周、懒惰的人与那些思虑缜密、勤奋的人有天差地别，根本不能并驾齐驱。

在写到这里的时候，我自然地想到了一个常被用来说明这个主题的十分好的事例：

一名年轻女孩被一位成功学家聘用当了助手，替他拆阅、分类信件，薪水与相关工作的人员一样。这位成功学家在某天口述了一句格言，要求她用打字机记录下来："请不要忘记：你自己脑海中所设立的那个限制就是你唯一的限制。"

她把文件打好后交给老板，并且有所感悟地说："你的格言深深地启发了我，对我的人生非常有价值。"

成功学家并没有因这件事而引起注意，然而在女孩心目中却烙上了深刻的印象。从那天起在晚饭后回到办公室继续工作，不计报酬地干一些并不是自己分内的工作，比方说替代老板给读者回信。

她把成功学家的语言风格认真研究了一下，以至于这些回信和自己老板一样好，甚至有时候更好。她始终坚持这样做，并不在意老板是不是注意到自己的努力。终于有一天，成功学家的秘书因故辞职，老板在挑选合适人选的时候，自然地想到了这个女孩。

这个女孩获得这个职位最重要的原因，正是在尚未得到这个职位以前已经身在其位了。当下班铃声响起以后，她仍旧坚守在自己的岗位上，在没有任何报酬承诺的情况下，仍旧刻苦训练，最终让自己有资格接受这个职位。

故事并未结束。这位年轻女孩这么优秀的能力，引起了更多人的关注，别的公司纷纷提供更好的职位邀请她加盟。成功学家为了挽留她，几次提高她的薪水，和最开始当一名普通的速记员时比起来已经高出了4倍。做老板的对此也无可奈何，因为她不断使自我价值得到提升，使自己变得不可替代了。

下面的方法，能让你的不可替代性增强。

工作时间别与同事喋喋不休，这样做造成的影响只有两个：一是那个喋喋不休的人觉得你也非常清闲，二是其他人觉得你俩都非常清闲。

别在老板不在的时间偷懒，因为你手头被打了折扣的工作绩效或早或晚会把你的所作所为暴露无遗。

别将公司的财物带回家，即使是一把废弃的尺子或一个鼠标垫。

别光为赚取更多的钱，就给公司的竞争对手做兼职。更别为了私利，就把公司的机密泄露出去，这在职场上是一种不忠，是员工的大忌。

别天天都是一张苦瓜脸，要尝试从工作中找寻乐趣，从你的职业中把使你感兴趣的工作方式找出来并尝试多做一点。试着多一点热忱，也许你就仅仅少这么一点点。

别把一些你觉得冗长且不重要的工作推脱掉，要明白，你所有的贡献与努力都是不会被一直忽略的。

别把个人的情绪发泄到公司的客户身上，即使是在电话里。在拿起电话之前，先让自己冷静一下，接着用适当的问候语去接听办公桌上的电话。

别一到下班时间就没了踪影，要是你不能在下班前解决好问题，那你必须让人知道。要是你无法继续留下来帮忙，那你应在到家后打电话问问事情是不是已得到控制。就算是平日，在离开公司以前，你也应该向你的主管打声招呼。

只有在生活和工作中不断完善自己，使自己变得不可替代，让别人离了你就无法正常运转，这样你的地位就会大大提高。

没有创新意识，你的生活永远无法得到改变

"我天天都规规矩矩地上下班，依照既定的方法和程序做事，犯错误极少，然而为何每次发奖金时我都没有 ×× 多呢？老板说我的工作效能不高、缺少创新意识，我也清楚自己做事比较死板，然而创新哪有如此容易，而且要创新就要把一些传统的东西打破，那可是延续了很长时间的规则，人微言轻的我哪里能随便把这些历来都被认为正确的规则改变呢？"

在一次培训会上，一位员工如此说，与这样的话相似的你能听到许多。说这些话的员工普遍缺少创新意识，他们从思想上就不敢轻易想到创新，传统规则把他们的手脚紧紧地束缚住了，这就导致了他们在行动上的中规中矩，缩手缩脚。长此以往，在生活和工作中，他们就与"创新"彻底绝缘了，他们再也不

会主动寻求解决问题的新方法。当环境、事物的改变不是很大时，可能他们还能做出一些成绩，然而随着时间和环境的变化，旧方法和旧规则将慢慢不适应，这时候这些不敢创新的人就只能因旧方法、旧规则的淘汰而被淘汰了。

许多缺乏创新意识、不敢大胆挑战传统方法和规则的人其实都是缺乏创新的勇气。实际上，所谓的"创新"并不是彻头彻尾的"革命"，而是根植于旧的传统，继而产生新的方法，独辟蹊径。脱离旧的规则，新的规则就会无可依托，"皮之不存，毛将焉附"讲的正是这个道理。创新的过程实际上是一个不停"吐故纳新"的过程，只有对既定规则"了然于胸"才会根据旧规则把新的模式创立起来。勇于创新，大胆挑战传统方法和规则，是成功的良好保证，能充分实现自我价值。

在亚伯拉罕的著作《突破现状创新思考》一书中，他指出，若想在事业或生涯上创造突破，秘诀是更聪明地做事，而并非更努力地工作。要更聪明地做事，就要学会创造性地思考，并且努力把这些想法落实，最终创造突破。大胆创新的精神是人们在工作中应该具备的，不过要实现卓越非常难。

现代企业的生存和发展无法离开创新，企业内部员工个人的成长和进步同时也无法离开创新意识。要是一个员工在工作中一味墨守成规、因循守旧，而无法创造性地完成任务，消极被动，后面必将"大祸临头"。这和一个企业占领市场、谋求发展有着相同的道理。市场上某些看起来寻常平淡的"冷门"，背后常常隐藏着还没有开发的无限商机。谁可以思人所未思，发人所未发，肯下功夫了解既定规则，既而把常规打破，谁就会开拓出独领风骚的新天地。而在职场中，哪个员工可以在寻常工作中到处留心，在同事中做出与众不同的正确决断，哪怕工作寻常，也时刻迸发新意，哪个员工就会前途无量，得到更好的发展空间。

因此，勇于创新、大胆挑战传统方法和规则是从企业到员工都必备的素质，是维持生存与促进发展的决定性因素。

当今企业越来越需要一些勇于创新的员工，那些一味地服从传统、依照规定好的条条框框埋头工作的人，最多只能被称为是一个"基本合格"的员工，与效能高、业绩佳、竞争力强的卓越员工的差距还很远。

不断增强自己的创新意识、大胆突破传统方法和规则的束缚对人们更快、更好地解决问题有帮助，这是增强员工个人竞争力和使员工个人价值得以体现的重要途径，也是卓越员工不断创造新业绩、取得新发展的决定性因素。要想适应日新月异的时代发展趋势，要想从平庸飞跃到卓越，就必须具备创新意识，勇于创新、善于创新。

具备创新意识并不只是指大胆勇敢的创新精神，灵活、适用的创新方法也包括在内，也即是所谓在工作中我们不但要勇于创新，还应该善于创新。

卓越员工的成长和进步无法离开他们思想和行动上的不断创新，他们的创新意识使自己在众多同事中脱颖而出，他们获得的突出业绩和老板的青睐都与他们的创新意识有着密不可分的联系。

有一位社会学家曾经一针见血地说："一个人若没有创新意识，他的生活永远无法得到改变；一个组织若没有创新意识，这个组织永远无法得到改变；一个社会若没有创新意识，这个社会永远无法前进。"的确，没有创新意识，我们将一直重复着固有的、陈旧的工作和生活方式，若是如此，我们个人和整个社会都无法向前迈进，而处在激烈竞争中的企业只能向衰亡靠近。

假如不讲究创新的方式和方法，盲目冲动地改变传统方法和规则，不但很难达到创新的根本目的，而且还会让事情变得越糟。卓越员工的创新意识能为企业创造巨大利润，促进自身价值的充分体现的原因，主要就是他们不仅具有勇于创新的精神，而且善于掌握创新的方法。

许多方面都能表现卓越的员工善于创新，比方说生产线上的小发明、遇到疑难问题时的"柳暗花明又一村"、销售策略上的新技巧以及一个绝妙的广告创意等。在思考和处理问题的时候，善于创新的卓越员工从来不拘泥于固有的程序和一定的范围，他们总是运用多种思维方式，比方说纵向思维、横向思维、跳跃思维等处理问题。在考虑问题时，他们往往可以从多个角度出发，并把最适宜解决问题的方法找到。

与缺少创新意识的员工比起来，善于创新的员工更加注重培养自己的创新思维，他们平常老是故意地让自己从逆向思维、偏向思维的角度看待事物，而且他们更加注重学习和思考的力量，因为少了勤奋的学习和努力的思考，所谓的创新仅仅是无本之木、无源之水，一点实际意义都没有。

一位成功的经营者在谈及他的成功秘诀的时候满脸谦虚，说根本不值一提。他说："我这人爱找别人极少涉猎的行业，因为这个行业做的人少，因此利润相对大。而当我发觉这一个行业里几乎没有利润可讲时，我就会主动提出，再找一个比较适合自己的行业。事实上，不管是何种行业，都是刚开始时能赚钱，后来随着加入的人增多，利润就越薄。因此，我不断更换行业。我个人的成功，也不过是一点儿创新意识，乐意在新的行业里打拼。"

不管是企业经营者还是员工，要想成功则其具备的创新意识必须足够，当原先的路无法走通时，就要想办法开辟新路；当过去的方法无法迅速把现存问题解决时，就要寻找更高效的处理方法。创新意识的员工是企业发展和进步需要具备的，老板也更欣赏这些员工的出色表现，因此我们必须主动培养自己的创新意识，争取早一天变成一个勇于创新、善于创新的卓越员工。

等待机会，在意想不到中获得成功

机会是一种稍纵即逝的东西，而且机会的产生也并非易事，因此不可能每个人什么时候都有机会可抓。而机会还没有来临时，最好的办法就是等待，等待，再等待，在等待中为机会的到来做好准备。一旦机会在你面前出现，千万别犹豫，抓住它，你就是成功者。

耐心等待是一个很不错的办法，但耐心等待绝不是什么也不做。在美国，许多企业家都深深地懂得它的重要性，他们都极富耐心。他们知道，等待会使他们取得意想不到的成功。

洛克菲勒就是这样一个有耐心的成功者，他以他特有的美国人的习性，等待着机会的出现；而一旦机会出现，他就会毫不犹豫，迅速地抓住它，从而获得意想不到的成功。

1859 年 8 月 27 日，星期六，泰塔斯维钻到了石油，这是这里首次以工业或商业性质钻到石油矿脉。

泰塔斯维村人口不足三百，然而消息一经传开，第二天有一大批人从南边约 40 公里的克利夫兰乘火车浩浩荡荡地赶来参观。挖油的人也赶来了，小村及铁路沿线立刻沸腾起来。

没过多长时间，镇上新建起了高楼大厦，日产石油量高达 3000 桶。由于南北战争要爆发，铁路需要大量黑油润滑剂，柴油引擎也取代了用木柴发动的火车，所以石油的需求量不断上升。

洛克菲勒开始勘察油田，他敏感地预测到石油的行情将会下跌。在克利夫兰，他对他的老伙伴克拉克解释道："现在动手为时尚早。"

"为什么？"克拉克很不服气。

"挖出那么多石油，行情只会下跌。"洛克菲勒解释道，"看样子还得跌。"他冷冷一笑，又道，"挖油的人全都是笨蛋，不看行情，只顾疯狂地挖油。"

"你不是说石油很有潜力吗？"克拉克还是不服。

"那当然了，不过油市行情现在下跌，还不到涨的时候，所以说时候未到。"

果然不出洛克菲勒所料，虽然油市已不再暴跌，但稍一回升就会再跌。人们对石油的需求有限，正像他分析的，不控制盲自地开采是生产过剩的罪魁祸首。等到年底，油价已变成 1 加仑 0.22 美元了。

1861 年，也就是第二年的春天，已经有用煤炼制的替代油在克利夫兰上市，宾州的油井这时已增加到 135 座，比当初他勘探时多了一倍。

"照这样挖下去是不行的！"

宾州西南方的俄亥俄州也钻出了石油。

洛克菲勒仍然不动声色地等待着。

1861 年，南北战争爆发了，南部的 11 州同北部的 23 州作战，这是上天赐予洛克菲勒的绝佳机会。

泰塔斯维的油价大跌，3 万桶原油在产地滞销。

泰塔斯维的人们如今可傻了眼，当初他们对钻油的前景估计太乐观，在产油区的油井玩命地钻油，可到头来只落得纽约市场上的油价跌至 0.13 美元 1 加仑。

这还不是最惨的，没过多久，油价又跌到 1 桶 0.35 美元，1 加仑连 10 美分都卖不到，简直同水一样贱。

油井的所有人为了阻止这疯狂的下降，挽回损失，相约把每桶售价定为不得低于 4 美元。

从 1859 年夏天钻到油直到 1962 年这期间，产油人一直被运输问题困扰着，面对东部和需求量更大的大英帝国，他们采取的运输方式是向南运至法兰克林镇再转铁路运输，每天约有 2 万辆运货的马车在法兰克林到匹兹堡的路上奔驰。每辆车顶多能运 5 桶到 6 桶油，运费则随距离而变，一般说来，每桶运费得花 3 美元。

一桶油才卖 0.35 美元，而运费却要花 3 美元，实在是亏本，"打先锋的赚不到钱"。仅二十二三岁却像个老成的生意人的洛克菲勒，一贯坚持着这个信条和策略。在人生的马拉松赛上，让别人打头阵，找准机会再迎头赶上是很明智的，得到冠军的马拉松选手几乎都这样说和这样做。说来有意思，在加利福尼亚州淘金热中，成功者没有一个是打先锋的。

"不管打先锋的如何吹牛，绝不可盲目下手。"洛克菲勒做中间商时一直把这句话当座右铭。不久，石油中间商洛克菲勒又用它打开了美孚石油的大门。这称霸世界的法宝！脸色苍白、沉默寡言的洛克菲勒好似一条精力无穷的猎豹。输往欧洲的食品和北军的军需品猛增，联邦政府狂印钞票，导致了恶性通货膨胀。洛克菲勒同联邦政府和北军当局并未打过特别的交道，然而他却赚了不少钱，并不断购进货物。和佛拉格勒一道买进的盐，如今成了投机市场上的抢手货，盐的生意给他带来了财富，这时公司已发展为附带经营牧草、苜蓿种子的大公司了。洛克菲勒已独揽了公司的经营大权。

机会有一天终于来临了。"我们赚了这么多钱，拿来投资原油吧，怎么样？"洛克菲勒跟克拉克商量道。

"想投资暴跌的泰塔斯维原油？你简直疯了，约翰。"克拉克不以为然。

"据说尹利镇到泰塔斯维计划修筑铁路，一旦完工，我们就能用铁路经过尹利运到克利夫兰……"

尽管洛克菲勒磨破了嘴皮，克拉克仍旧是无动于衷。

洛克菲勒于是开始单独行动，他拿出 4000 美元，和安德鲁斯一起发展炼油事业，成立了一家新公司，但他并未加入，也许这是他另一种独特的"等待"方式。但是，洛克菲勒不久就"等待"不下去了，他独家包揽了石油的精炼和销售过程，这真是比"卡特尔"还要"卡特尔"的方式！1865 年，洛克菲勒·安德鲁斯公司共缴纳税金 3.18 万美元，克利夫兰的大小炼油厂共有 50 多家，唯独洛克菲勒·安德鲁斯公司规模最大，它仅雇用了 37 人，1865 年销售总额却达 120 万美元之巨。

洛克菲勒用他的耐心去等待机会，当机会来临时，他又毫不犹豫地迅速抓住它，从而取得巨大的成功。

Part 5

消极拖延，是对生命最大的辜负

不要给自己留退路，说什么『以后还有机会』『时间还比较充裕』。在制订好计划以后你就没有了后路，唯一的选择就是立即行动。立即行动，使你保持较高的热情和斗志，能够提高办事的效率。拖延只会消耗你的热情和斗志。

成功者必是立即行动者。对于他们来讲，时间就是生命，时间就是效率，时间就是金钱，拖延一分钟，就浪费一分钟。只有立即行动才能挤出比别人更多的时间，比别人提前抓住机遇。

成功始于勤，且成于勤

通往成功的路有很多，曲折和坎坷是无法摆脱的困惑，而不管多么聪明的人，要想从中取一捷径，都少不了一个"勤"字。所谓"书山有路勤为径，学海无涯苦作舟"，主要指读书与成功的关系。其实，人生中任何一种成功和任何一种幸福的获取，大多都始之于勤而且成之于勤。

勤，劳也。无论劳心还是劳力，竭尽所能就叫作勤。各行各业，大凡勤奋不怠者必能有所成就。即便是出家做和尚，息迹岩穴，徜徉于山水之间，看破红尘，与世无争，他们也自有一番精进的功夫要做，于读经礼拜之外还要勤行善法不自放逸。且举两个实例：一个是唐朝开元年间的百丈怀海禅师，亲近马祖时得传心印，精勤不休。他制定了"百丈清规"，自己笃实奉行，"一日不作，一日不食"。一面修行，一面劳作。"出坡"的时候，他躬先领导以为表率。到了暮年他仍然照常操作，弟子们于心不忍，偷偷把他的农作工具藏匿起来。禅师找不到工具，那一天没有工作，但是那一天他也就真的没有吃东西。他的勤勉精神感动了不少人。

另一个是清初的著名山水画家石溪和尚。请看他自题的《溪山无尽图》："大凡天地生人，宜精勤自持，不可懒惰。若当得个懒字，便是懒汉，终无用处。……残衲住牛首山房，朝夕焚诵，稍余一刻，必登山选胜，一有所得，随笔作山水数幅或字一段，总之不放闲过。所谓静生动，动必作出一番事业。端教一个人立于天地间无愧。若忽忽不知，懒而不觉，何异草木？""人而不勤，无异草木"，这句话沉痛极了。过饱食终日无所用心的生活，英文叫作 vegetate，意为过植物的生活。古今中外的想法不谋而合。

勤，总是同"苦"字联系在一起。甘于吃苦，勤奋努力，尽管有时还没能得到成功的报答，却先已磨砺了我们的意志，培养了自己的坚韧，这不也是一种收获吗？

勤勉努力，可以说是一种无形的财产和力量。养成勤勉习惯的人，虽然到了晚年，由于习性的关系，也不减勤勉且更努力；虽然他不自觉是勤勉努力，可是其所作所为，会自然表现出勤勉努力的行为。

在当今的情势之下，有形财产是靠不住的。可靠的是那些永远寄托于自身的——学问、艺术、技术等无形财产，这是终生不会被人剥夺的东西。而这些人生资产必须靠勤勉努力才能获得。由此看来，勤勉努力的习性，也就是终生不会脱离其人的贴身财产了。

一个人，不管他曾经犯了什么错误，如果他勤奋努力，单就这一点也是比较令人欣赏的。今日的情形，在职业场所方面，勤勉努力的工作人员也是被优先录用的，有着勤勉习性的人也比较容易拿高薪或奖金。

人们应在年轻的时候，就培养成"勤勉努力"的习性。懒惰与勤勉两种习性，都不会轻易地改变。等到年纪大了，想变懒惰为勤勉，就极困难了。所以，必须自年轻时培养成勤勉的习惯才行。

日本最成功的企业家之一松下幸之助说："我小时候，在当学徒的七年当中，在老板的教导之下，不得不勤勉从事学艺，也不知不觉地养成了勤勉的习性。所以在他人视为辛苦困难的工作，而我自己却不觉得辛苦，甚至有人劝慰我说'太辛苦了'的困难工作，我却反觉得很快乐。换个立场说，我觉得快乐的工作中，在旁人看来，只不过是认真工作而已，所以我与他人的看法，自然就有差异了。

"我青年时代，始终一贯地被教导要勤勉努力。当时我想，如果把勤勉努力去掉，那么一个青年人还剩些什么？因为青年人有所期望，才需要勤勉努力，此乃人生之一大原则。

"事实上，在这个社会里，对有勤勉努力习性的人，不太被人称赞是尊贵或者伟大，也不会认为他很有价值。因此我认为大家应该无所顾忌地提升对具有这种良好习性者的评价，这样才算是真正对勤勉习性的价值有所认识。"

的确，社会中有些自恃"聪明"者并不把勤勉努力看在眼里。有的人幼时智力非凡，被赞誉为神童，但后来不肯勤奋努力，结果长大后毫无建树。王安石所叙说过的方仲永，就是个极为生动的例子。有的人幼年智力平平，甚至愚钝，但后来因为勤学不息，反而有所成就。清朝的学者彭端淑有感于这种情况，在《为学》中说："聪与敏，可恃而不可恃也；自恃其聪与敏而不学者，自败者也。昏与庸，可限而不可限也；不自限其昏与庸，而力学不倦者，自立者也。"这话，很有点辩证法的味道，智力聪慧的人要记取，智力平庸的人可作为座右铭。

痛苦使理想生辉，勤奋使人生变美。一个有着追求的人，就不会轻言失败和放弃自己的追求和奋斗。贝多芬之所以伟大，就在于他揭示出一个真谛：战胜命运！——坚韧离我们越近，失败离我们就越远。

幸福的人生不是安逸中的空想，而是踉跄中的执着，重压下的勇敢，逆境中的自信，艰难困苦中的勤勉和奋发，是在任何环境下都具备的自我适应、自我调节能力。

习惯中最为有害的，莫过于拖延

习惯中最为有害的，莫过于拖延，世间有许多为这种习惯所造成悲剧。而"立即执行"，是一句重要的促使自己克服危机的自我激励语句。

拖延往往会导致一些挫败的结局。美国哈佛大学人才学家哈里克说："世上有93%的人都因拖延的陋习而一事无成，这是因为拖延能杀伤人的积极性，而成功人士则与之恰恰相反。"

许多人的拖延已经成了习惯。对于这些人，要完成一项任务的一切理由都不足以使他们放弃这个消极的工作模式。如果你有这个毛病，你就要重新训练自己，用好习惯来取代拖延的坏习惯。

凡是应该做的事拖延而不立刻去做，留待将来再做，有这种不良习惯的人，是弱者。有力量的人，是那些能够在一件事情尚算新鲜及充满热忱的时候，就立刻去做。人们最大的理想、最高的意境、最宏伟的憧憬，往往是在某一瞬间突然从头脑中有力地跃出来的。

我们每天都有每天的事。今天的事是新鲜的，与昨天的事不同，而明天也自有明天的事。所以今天之事应该就在今天做完，千万不要拖延到明天！

搁着今天的事不做，想留待明天去做，就在这种拖延中所耗去的时间、精力实际上也够将那件事做好。收拾以前积累下来的事情，我们觉得多么的不愉快！当初一下子就可以很愉快容易做好的事，拖延了几天、几星期之后，就显得讨厌与困难了。

斯通充当全美国际销售执行委员会的七个执行委员之一时，曾作为该会的代表走访了亚洲和太平洋地区。在一个星期二，斯通给澳大利亚东南部墨尔本市的一些商业工作人员作了一次励志性的谈话。到下个星期四的晚上，斯通接到一个电话，是一家出售金属柜的公司的经理李斯特打来的。

李斯特很激动地说："发生了一件令人吃惊的事，你会同我现在一样感到振奋的！"

"把这件事告诉我吧！发生了什么事？"

"一件惊人的事！你在上星期二的谈话中推荐了十本励志书。我买了《思考致富》，在当天晚上就读了几个小时。第二天早晨我又继续读它，于是我在一张纸上写道：我的主要的确定目标是把今年的销售额翻一番。令人吃惊的是，我竟在48小时之内达到了这个目标。"

"你是怎样达到这个目标的？"斯通问李斯特，"你怎样把你的收入翻一番的呢？"李斯特答道："你在谈话中讲到你的推销员亚兰在同一个街区兜售保险单失败而又成功的故事。我记得你说过：'有些人可能认为这是做不到的，但是亚兰做到了。'我相信你的话。我也做了准备"。

"我记住了你给我们的自我激励警句：'立刻执行！'我

就去看我的卡片记录，分析了十笔死账。我准备提前兑现这些账，这在先前可能是一件相当棘手的事。我重复了'立即执行'这句话达好几次，并用积极的心态去访问这十个账户。结果做了笔大买卖。发扬积极心态的力量所做出的事是很惊人的——真正的惊人。"

我们的目的与这个特殊的故事有关，我们有些人可能知道关于亚兰的故事，但是你可能并没有把这个原则应用到你自己的经历中。李斯特做到了这一点，所以你也能做到。

然而，现在我们要你学会"立即执行！"

"立即执行"的决定能使你最荒诞的梦想成为现实。

"立即执行"可以影响你各方面的生活。它能帮助你去做你所不想做而又必须做的事，同时也能帮助你，正如帮助李斯特一样，去做那些你想做的事。它能帮助你抓住宝贵的时机。

记住，不管你成了什么人或者你是什么人，如果你以积极的心态行事，你都能成为你想要成为的那种人。

世上最可怜的人，就是犹豫不决的人

世上最可怜的人就是犹豫不决的人。如果有了事情，一定要与他人商量，不去依靠自己，而去依赖他人，这种性格犹豫、意志不坚定的人，既不相信自己，也不为他人所信赖。

有了决心，便能克服种种艰难，获得胜利，得到一般人的敬仰。有决心的人，必定是个胜利者。有决心，才能增强信心，充分发挥才智，从而在事业上取得伟大的成就。

好多人怕决断事情，不敢负责任。之所以如此，是因为不知道事情的结果怎样。他们只怕如果今天决断了一件事情，也许明天会有更好的事情发现，以致对于第一个决断发生懊悔。许多惯于犹豫者，不敢相信他们自己能解决重要的事情，许多人因犹豫不决，破坏了他们美好的理想。

当犹豫不决这阴险的仇敌还没有伤害你的力量，破坏你的求生机会之前，就要即刻把它置之死地，不要等到明天，今天就该开始。要逼着自己，常去练习坚定地决断，事情简单时更须立刻决断，切记不要犹豫。

看了下面的故事，你就知道，在人的一生中，果断地做出决定是多么重要：

美国拉沙叶大学的一位业务员前去拜访西部一小镇上的一位房地产经纪人，想把一个"销售及商业管理"课程介绍给这位房地产商人。这位业务员到达房地产经纪人的办公室时，发现他正在一架古老的打字机上打着一封信。这位业务员自我介绍一番，然后介绍他所推销的这个课程。

那位房地产商人显然听得津津有味。然而，听完之后，却迟迟不表示意见。

这位业务员只好单刀直入了："你想参加这个课程，不是吗？"

这位房地产商人以一种无精打采的声音回答说："呀，我自己也不知道是否想参加。"

他说的倒是实话，因为像他这样难以迅速做出决定的人有数百万之多。这位对人性有透彻认识的业务员，这时候站起来，准备离开。但接着他采用了一种多少有点刺激的战术，下面这段话使房地产商人大吃一惊。

"我决定向你说一些你不喜欢听的话，但这些话可能对你很有帮助。

"先看看你工作的办公室，地板脏得可怕，墙壁上全是灰尘。你现在所使用的打字机看来好像是大洪水时代诺亚先生在方舟上所用过的。你的衣服又脏又破，你脸上的胡子也未刮干净，你的眼光告诉我你已经被打败了。

"在我的想象中，在你家里，你太太和你的孩子穿得也不好，也许吃得也不好。你的太太一直忠实地跟着你，但你的成就并不如她当初所希望的。在你们结婚时，她本以为你将来会有很大的成就。

"请记住，我现在并不是向一位准备进入我们学校的学生讲话，即使你用现金预缴学费，我也不会接受。因为，如果我接受了，你将不会拥有去完成它的进取心，而我们不希望我们的学生当中有人失败。

"现在，我告诉你你为何失败。那是因为你没有做出一项决定的能力。

"在你的一生中，你一直养成一种习惯：逃避责任，无法做出决定。结果到了今天，即使你想做什么，也无法办得到了。

"如果你告诉我，你想参加这个课程，或者你不想参加这个课程，那么，我会同情你，因为我知道，你是因为没钱才如此犹豫不决。但结果你说什么呢？你承认你并不知道你究竟参加或不参加。你已养成逃避责任的习惯，无法对影响到你生活的所有事情做出明确的决定。"

这位房地产商人呆坐在椅子上，下巴往后缩，他的眼睛因惊讶而膨胀，但他并不想对这些尖刻的指控进行反驳。这时，这位业务员说了声"再见"，走了出去，随手把房门关上。但又再度把门打开，走了回来，带着微笑在那位吃惊的房产商人面前坐下来，说：

"我的批评也许伤害了你，但我倒是希望能够触怒你。现在让我以男人对男人的态度告诉你，我认为你很有智慧，而且我确信你有能力，但你不幸养成了一种令你失败的习惯。不过，你可以再度站起来，我可以扶你一把——只要你愿意原谅我刚才所说过的那些话。

"你并不属于这个小镇，这个地方不适合从事房地产生意。你赶快替自己找套新衣服，即使向人借钱也要去买来，然后跟我到圣路易市去。我将介绍一个房地产商人给你认识，他可以给你一些赚大钱的机会，同时还可以教你有关这一行业的注意事项，你以后投资时可以运用。

"你愿意跟我来吗？"

那位房地产商人竟然抱头哭泣起来。最后，他努力地站了起来，和这位业务员握握手，感谢他的好意，并说他愿意接受他的劝告，但要以自己的方式去进行。他要了一张空白报名表，签字报名参加"推销与商业管理"课程，并且凑了一些一毛、五分的硬币，先交了头一期的学费。

3年以后，这位房地产商人开了一家拥有60名业务员的大公司，成为圣路易市最成功的房地产商人之一，他还指导其他业务员工作，每一位准备到他公司上班的业务员，在被正式聘用之前，都要被叫到他的私人办公室去，他把自己的转变过程告诉这位新人，从拉沙叶大学那位业务员初次在那间寒酸的小

你只是看起来很努力

办公室与他见面开始说起，并且首先要传授的一条经验就是——"延迟决定是最大的错误"

当机立断，一旦决定下来马上去做

为人处世，必须坚决果敢，当机立断，一旦决定下来就应该马上去做。如果瞻前顾后只会白白丧失很多机会。在日常工作中，人们手头往往有许多事情要做，千头万绪，从何入手？这就要分清事情的缓急，优柔寡断只能使事情变成一团乱麻。有些事情放一放，还来得及，则没必要急于去做；有的事情很急，就必须立即去做。

作为普通人，无论你是经商做买卖，还是料理家务，也有个缓与急的问题。哪件事必须抓紧办，哪些事可以再等等，要分清，不能眉毛胡子一把抓，不分缓急，结果往往是该办的没办好，不该办的却提前办了，办了又没有用。

凡事有急有缓，分清缓急，关键在于把握机会。时机未成熟就急躁，由于急躁，事情没有考虑周全就动手，结果必定难以成功；时机成熟却不进叫缓慢，缓慢则错过时机，结果必定事与愿违。所以说，办事情，用老百姓的话说，必须看清火候。急，不一定就好；缓，不一定就不好。一般情况，人们常会由于这样的原因而犹豫不决。

人们常看重物质利益，比如待遇问题，明知不得不应允，不得不改善，但总是能拖则拖，能缓则缓。自动解决，觉得太心痛，没有这个勇气，你的再三考虑与迟疑不决都是不必要的，因为这样会扫了大家的工作兴趣，降低大家的工作效率，同时还增加了彼此间对立的程度，弄得上下离心离德，这不是得不偿失嘛！

除了吝啬钱财，碍于"情面"也是犹豫拖延的一个原因，这主要表现在"罚"的方面：你的下属工作不力，或者你的合作者行事不明，你很想换马换将，但是总觉得难以启齿。这样一拖再拖，问题非但得不到解决，反而容易引发新的矛盾。你的不满越积越多，自然会有所表现，而对方反会觉得你行事刻薄，增加反感。你的其他下属或合作者也会因为你赏罚不明而对你评价不高，失去进取心。孔子说："赏罚不明，百事不成；赏罚若明，四方可行。"说的正是这个道理。对方出现问题，不能立刻指出并适度惩罚，则会使问题养成习惯，那时再罚就为时已晚了。所以罚只有立刻执行才会取得应有的效果。

因此，这些问题，不应拖延，需要速战速决。一般情况下具备这5个条件的问题需要速决。

一是合情合理，二是合于习惯，三是合乎规章，四是符合事实，五是力所能任。需要速决，或者不待要求，即应自动宣布解决的办法，或者一经要求，表示早有此预计，立即宣布解决的办法，不必用讨价还价的老套手法。

有些问题，事实上既无可避免，也无法视而不见，如已发现解决问题的自然途径，当然要采取开门见山的方法，爽爽快快认可，爽爽快快决定，连"待我稍加考虑"的话都不要说，否则，至少表示你事前没有注意，即便注意到，一定没有准备。不要让人家认为你是不能站在对方的立场上考虑问题，你是不能关心对方，你是不能视人如己。所以"四书"上有："君之

你只是看起来很努力

176

视臣如手足，则臣视君如腹心，君之视臣如犬马，则臣视君如国人，君之视臣如土芥，则臣视君如寇仇！"人情的微妙在此，人情的可爱也在此，你对于需要速决的问题立即解决，就是"视臣如手足"的表示。

不管是好是坏，只要是非做不可的事，就该果断去做。今天解决总要好于明天做，主动做要好于被动做。

培养干脆利落的做事风格

一个办事风格十分干脆利落的人，办事的效率一定高。做事的速度快，不仅有利于自己事业的成功，他也可以为自己赢得做更多事的时间，而且极易得到别人的信任和欣赏。美国外交家伊莲娜就是以她干脆利落的办事风格谱写了其丰富多彩的人生。

伊莲娜·杜勒斯，这个美国外交界十分受人尊敬的人，曾经亲身经历了很多重大的历史事件，是一位个性爽朗、乐观的女强人。

伊莲娜非常喜欢读书，又会做事，社会活动能力也非常强。她从宾州著名的女校彭玛学院毕业后。恰逢第一次世界大战结束，于是她远赴法国从事难民救济等工作，接着又回到彭玛学院进修，取得劳工与工业经济学硕士。

妇女在 20 世纪在二三十年代要找工作很不容易，有知识的女性要找到合适的工作更难。虽然她是纽约州的名门之后，但是"杜勒斯"之姓对她却一点也没有影响，她凭着硕士资格在康州一家工厂管理一部打卡印刷机，又在纽约皇后区长岛市一间工厂担任发放薪水的小职员。伊莲娜是个极其上进的人，她不甘心自己终生就只看管一部印刷机和当一个小小的职员，平淡地度过这一生。于是在存了一笔钱以后，就跑到著名的伦敦政经学院留学。她最得意的经历是在就读的时间里，一个人成功地调查了75家英国工厂的经营方式，写出了令教授和同学都非常赞赏的论文。她回到美国后又在哈佛大学获得硕士和博士的学位。在30年代，伊莲娜执教于巴黎、日内瓦、波士顿、费城和母校彭玛学院，同时也没有停止自己的写作事业。伊莲娜一辈子总共写了14本书，其中以外交、经济为主，也有回忆录，她在90岁时还出版了一部哲理推理小说。

伊莲娜十分有主见，非常独立，不会依附着别人做任何事。30岁时她与一位在约翰·霍普金斯大学任教的语言学家相恋，然而这位教授是个虔诚的正统犹太教教徒，伊莲娜则是所说的"白种盎格鲁撒克逊新教徒"，父亲又是长老会牧师，全家对犹太人没什么好感，当然不赞成伊莲娜与犹太语言学家交往。敢爱敢恨的伊莲娜不顾家里的反对，她坚持自己找到了另一半，在1932年和语言学家结婚，没想到两年后这位语言学家却自杀死亡，留下一子一女，自此，伊莲娜便开始了62年的孀居生活。

尽管伊莲娜在婚姻上并没有非常成功，但是之后在事业上却极其有成就，她终于把自己真正想要走的路找到了，那就是担任公职。其实献身于"公职"，为政府做事、为国家服务，乃是杜勒斯家族的传统。从1963年开始，伊莲娜担任公务员，首先在社会安全署担当财务研究主任，后来转到国务院，亲手策划1944年在新罕布什尔州布雷顿森林举行的国际货币会议。

此后又担任了美国驻维也纳大使馆的财经参事，协助救济

此后又担任了美国驻维也纳大使馆的财经参事，协助救济奥地利难民；出任国务院德国事务局局长特别助理，为大力减少西德失业人口并使生产增加做了很多工作；主持柏林工作，积极投入西德的战后复兴，把十亿美元拨出来为西德兴建国会大厦、医院和学校。她对德国所做的一切，使德国上下十分感激。德国人民尊敬她、热爱她，热情地把她称为"柏林之母"，又称国会大厦为"杜勒斯大楼"。

民主党的甘乃迪在1960年11月的大选中险胜尼克森，甘乃迪的上台宣告了杜勒斯家族的没落。中情局在1961年4月秘密主导古巴流亡分子登陆古巴诸湾，企图把卡斯特政权推翻，结果惨败，甘乃迪总统灰头土脸，要求中情局局长艾伦·杜勒斯下台。甘乃迪疯狂地把艾伦挤退之后，也想逼走伊莲娜，据说赶尽杀绝杜勒斯家族的幕后黑手是甘乃迪总统的弟弟司法部部长罗伯特。1961年9月的一个上午，国务卿鲁斯克亲口对她说："白宫要我把你赶走。"伊莲娜并不害怕，而是抗议道：干脆把我调到欧洲去好了。鲁斯克说那也不可以，甘家兄弟就是要你离开外交界。67岁的伊莲娜就这样被炒鱿鱼了，她成为龌龊政治下的牺牲品。

然而，伊莲娜是个十分富有战斗意志的人，她尽管伤心，却并未一蹶不振。不灰心的她继续做研究，不断地写书，在各大学兼课和演讲使她并不觉得寂寞，反而是常常埋怨时间不够用。90岁之后她的身体不是很好，耳朵和眼睛慢慢不行了，她的生活节奏才开始逐渐慢下来。伊莲娜的一生就像是个赶路的旅人，她完全把诗人弗洛斯特在《雪夜林畔小驻》一诗中所说的人生誓言实践了："我得信守诺言，在安睡之前还要赶好几里路。"

伊莲娜的故事告诉我们，对一个人事业的成功来说，做事干净利落、从不拖拉的风格至关重要。我们若想成功，就应学会干净利落的办事风格。

成功属于勤奋努力的人

有什么方法可以消除你在工作中的懒惰和拖延呢？最好的途径就是养成主动工作的习惯。一个永远勤奋而且乐于主动工作的人，将会得到老板甚至每个人的赞许和器重，同时，你也会为自己赢得一份重要的财产——自信，你会发现自己的才能足够赢得他人甚至一个机构的器重。

成功是一个长期努力积累的过程。俗话说："只要功夫深，铁杵磨成针。"没有谁是一夜成名的。命运掌握在勤勤恳恳、兢兢业业工作的人手上。所谓的成功正是这些人的智慧和勤劳的结果。即使你的智力比别人稍逊一筹，你的勤奋实干也会在日积月累中弥补这个劣势。

林肯小时候住在一所极其简陋的距离学校非常远的茅屋里，没有窗户，也没有地板，一些生活必需品都很缺乏，更谈不上有书籍、报纸可以阅读了。然而就是在这样的逆境中，他坚持每天步行二三十里路去上学，甚至还不惜走一二百里的路只为借几本参考书。到了晚上，他凭借着燃烧木柴发出的微弱火光来阅读……

只受过一年的学校教育，成长于艰苦卓绝的环境的他，终于一跃而成为美国历史上最伟大的总统，成了世界上最完美的模范人物之一。

那些守株待兔、一根筋等待机会的人永远不会成功，良好的机会完全在于自己去创造。如果认为个人发展机会掌握在上帝或他人手中，那么他永远都不会成功。如果在困境之际，林肯说"我没有机会"，这位生长在穷乡僻壤茅舍里的孩子，如何能入主白宫，成为美国总统呢？

社会上很多人从不认为勤奋积极才能赢得成功的机会，当机会叩响他们的大门时，他们却充耳不闻，因为他们正躺在床上睡大觉呢！机会是不会主动临幸那些浪费时间、偷懒的人的，机会往往总是落在那些忙得无暇照料自己的人身上，为那些有梦想、有计划的人显现。

也许有人认为，机会是活的、能动的，它会主动找到那些愿意迎接它的人。事实上恰恰相反，机会包含于每个人的主观意识之中，正如未来的橡树包含在雏树的果实里一样，它是一种微观的意念，像流星一样稍纵即逝，只有勤奋专注才可能把握住它。

在一个公司里，只有那些有良好技能并勤奋刻苦的人才有更多的机会，公司的管理者总是把勤奋刻苦作为对员工的最好教育。勤奋敬业的精神是走向成功的坚实基础，它更像一个助推器，把你自己推到上司面前。那些思想贫乏和愚蠢的人、慵懒怠惰的人只注重事物的表象，无法看透事物的本质。他们希望到达辉煌的巅峰，但不希望越过那些艰难的梯级；他们渴望赢得胜利，但不希望参加战斗；他们希望一切都能一帆风顺，而不愿意遭遇任何阻力。

一个人的行为重复多次就会变得不由自主，不假思索、无意识地就会做同样的事情，以至于欲罢不能，不做就觉得少了点什么似的，于是形成了人的品性。因此，一个人生活中受到思维、习惯与成长经历的影响，他在人生旅途中可以做出不同的努力，做出善与恶的选择，形成一生的品性。

勤奋的人会说："我也许没有什么特别的才能，但我能够拼命干活以挣取面包。"缔造事业辉煌的成功人士都有一个共同的特点——勤奋；懒惰的人常常抱怨自己竟然没有能力让自己和家人衣食无忧。

无论什么人，都需要经过不懈的努力才会有所收获。收获的成果取决于这个人努力的程度，根本不存在机缘巧合这样的事。在这个世界上，投机取巧的人是得不到真正的成功的，偷懒更是永无出头之日。那些一天到晚总是想着如何欺瞒别人的人能将这些精力及创意的一半用到事业上，他们早已取得骄人的成就了。

世界上随处可见一些看起来马上就要成功但最终功败垂成的人，原因在于他们还是没有付出取得成功需要的汗水。实干并且持之以恒是对勤奋刻苦的最好注解。要做一个好的员工，你就要像那些石匠一样：他们一次次地挥舞铁锤，试图把石头劈开。也许100次的努力和辛勤的锤打都不会有什么明显的结果，但最后的一击石头终会裂开的。成功的那一刻，正是你前面不停努力的结果。

世界上能登上金字塔的动物有两种：一种是鹰，一种是蜗牛。不管是天资奇佳的鹰，还是资质平平的蜗牛，能登上塔尖，极目远眺，俯瞰荒原，都离不开两个字—勤奋。一个人的成长和进步，环境、机遇、天赋学识等外部因素固然重要，但更重要的是依赖于自身的勤奋和努力。

在工作中，许多人都会有很好的想法，但只有那些在艰苦探索的过程中付出辛勤工作的人，才有可能取得令人瞩目的成果。同样，公司的正常运转需要每一位员工付出努力，勤奋刻苦在这个时候显得尤其重要。而你的勤奋态度会为你的发展铺平道路。学会高效地把事情办好是一个成功的员工所必须具备的素质，为了实现这个目标，你必须勤奋努力。

成为立即执行计划的能手

约翰·华纳梅克先生是个了不起的商人，他是白手起家的。他时常说："如果你一直在想而不去做的话，根本成就不了任何事。"

每天都有几千人把自己辛苦得来的新构想取消或埋葬掉，因为他们不敢执行。过了一段时间以后，这些构想又会回来折磨他们。

再好的新构想也会有缺陷。即使是很普通的计划，如果确实执行并且继续发展，也比半途而废的好计划要好。因为前者会贯彻始终，后者却前功尽弃。

有很多好计划没有实现，只是因为应该说"我现在就去执行，马上开始"的时候，却说"我将来有一天会开始去执行"。

我们用储蓄的例子来说明好了。人人都认为储蓄是件好事。虽然它很好，却不表示人人都会依据有系统的储蓄计划去做。许多人都想要储蓄，只有少数人才真正做到了。

这里是一对年轻夫妇的储蓄经过。毕尔先生每个月的收入是 1000 美元，但是每个月的开销也要 1000 美元，收支刚好相抵。夫妇俩都很想储蓄，但是往往会找些理由使他们无法开始。他们说了好几年："加薪以后马上开始存钱""分期付款还清以后就要……""渡过这次难关以后就要……""下个月就要""明年就要开始存钱"。

　　最后还是他太太爱丽丝不想再拖，她对毕尔说："你好好想想看，到底要不要存钱？"他说："当然要啊！但是现在省不下来呀！"

　　爱丽丝这一次下定决心了。她接着说："我们想要存钱已经想了好几年，由于一直认为省不下，才一直没有储蓄，从现在开始要认为我们可以储蓄。我今天看到一个广告说，如果每个月存 100 元，15 年以后有 18000 元，外加 6600 元的利息。广告又说：'先存钱，再花钱'比'先花钱，再存钱'容易得多。如果你真想储蓄，就把薪水的 10% 存起来，不可移作他用。我们说不定要靠饼干和牛奶过到月底，只要我们真的那么执行，一定可以办到。"

　　他们为了存钱，起先几个月当然吃尽了苦头，尽量节省，才留出这笔预算。现在他们觉得"存钱跟花钱一样好玩"。

　　想不想写信给一个朋友？如果想，现在就去写。有没有想到一个对于生意大有帮助的计划？如果有，马上就去执行。时时刻刻记着本杰明·富兰克林的话："今天可以执行的事不要拖到明天。"

身教胜于言教，说到不如做到

身教胜于言教，说到不如做到。然而，许多领导者经常要求别人，很少要求过自己。久而久之，下属也学会了自我放松。当他们成为领导者的时候，也学得只要求别人，不要求自己。进而形成一种恶性循环。这种行为一旦成为习惯，无论是对组织的发展还是对个人的进步都没有任何好处。

下属判断一个领导时，更多的是根据他的品格而不是根据他的知识，更多的是根据他的心地而不是根据他的智力，更多的是根据他做了什么而不是他说了什么，更多的是根据他的自制力、耐心和纪律性而不是根据他的天才。

言行不一严重妨害领导者建立同员工之间的信任关系。如果员工信任某个领导者，就相信他不会利用这种信任。让员工相信一个"说一套，做一套"的领导者是很困难的。所以，一个有威信的领导者，首先要能够做到"言必信，行必果"。

不过，也有一些所谓"聪明"的领导注意运用语言的技巧，将形势朝有利于自己的方向扭转，这样他人就会注重领导者说的而不是做的。但任何技巧性的东西都只会短暂地维持你的"光环"。试想，一个下属要和你走过很长的一段路，才会实现共同的目标，不是发自于内心的所谓"技巧"只会让人觉得自己被愚弄，其结果往往是更糟。

许多领导者自负地谈起员工的重要性："以人为本"人是我们最重要的资产"，其做法却与这种态度截然相反。例如，他们不倾听员工的抱怨，对员工的个人问题漠然处之，或听任优秀的员工离去，而没有关切地挽留他们。

当员工看到这种自相矛盾的做法时，他们更可能相信领导者的行为，而不管领导者说了什么。同样，如果领导者想营造一种道德氛围，就要确保自己言行一致。如果领导者虚报费用账，把办公室的东西拿回家用，或总是迟到早退，同时又宣扬高标准的诚实，那员工就会对公司的规定置若罔闻。

人们愿意和言行一致的领导者一起奋斗，因为有安全感，会很轻松，会心甘情愿地奉献。言行一致意味着表里如一。作为领导，当你做到了表里如一，别人就会跟着学习你的样子。当他们都敞开自己心扉的时候，你也很容易感受到他们性格的不同侧面，你将更清楚地看到别人的长处、美德。这样你也就能够更体贴、亲近别人，创造一种心心相印的愉悦氛围。

这样愉悦的气氛会感染处在这个环境中的每一个人、每一位员工，使组织内部形成一种无形的然而强有力的情感的凝聚力。就算作为领导者的你偶尔有了失误或犯了过错，人们也会谅解你、爱护你、体贴你。因此说，表里如一是有意义的坦诚，它可让更多的人分享你的思想与观点。

这是事业成功的保证，是需要很多领导终生追求的目标。人们往往崇拜智力超群的天才，但是品德高尚的领导者更能赢得尊重。

行动比语言更有力并不是什么深奥的哲学，就是少说空话，多做实事。也许正是因为太简单了，就往往被许多人忽略。许多人太看重的是领导者的权力，更多的想知道"怎样让你服从我"，而不是"我应该怎样做才更具影响力"。构造影响力的一个重要因素就是你的行为。当一个领导者口是心非，只说不做，只听到雷声而不见下雨，这样会逐步地丧失掉他的威信。

当你的语言与行动不一致时，人们一般更相信行动，是行为说了算。这对领导者的意义是：你是一个角色示范，员工会模仿你的行为和态度。他们观察上级怎样做，然后照着模仿或适应上级的做法。然而，这并非意味着语言毫无用处，语言可以影响他人。但是，当语言和行动出现分歧时，人们更注重他们看到的行为。

当年联想集团创业时，曾有一条规定，开二十几个人以上的会迟到要罚站一分钟，上至领导层，下至员工，一视同仁，这一分钟是很严肃的一分钟，不这样的话，会没法开。第一个被罚的人是总裁柳传志原来的老领导，罚站的时候他本人紧张得不得了，一身是汗，柳传志本人也一身是汗。柳传志跟他的老领导说，"你先在这儿站一分钟，今天晚上我到你的家里给你站一分钟"。柳传志本人也被罚过 3 次。

行动，可以改变一个人的态度

行动可以改变一个人的态度，使他由消极转为积极，使原先可能糟糕透顶的一天变成愉快的一天。

养迅速行动的习惯，先要从小事上练习，久而久之，在紧要关头或有机会时便会"说做就做"

爱默尔是哥本哈根大学的学生，他就是这样做的。有一年暑假他去当导游。因为他总是高高兴兴地做了许多额外的服务，因此几个芝加哥来的游客就邀请他去美国观光。旅行路线包括在前往芝加哥的途中，到华盛顿特区做一天的游览。

爱默尔抵达华盛顿以后就住进"威乐饭店"，他在那里的账单已经预付过了。他这时真是乐不可支，外套口袋里放着飞往芝加哥的机票，裤袋里则装着护照和钱。后来这个青年突然遇到晴天霹雳。

当他准备就寝时，才发现皮夹不翼而飞。他立刻跑到柜台那里。

"我们会尽量想办法。"经理说。

第二天早上仍然找不到。爱默尔的零用钱连两块钱都不到，自己孤零零一个人待在异国他乡，应该怎么办呢？打电报给芝加哥的朋友向他们求援？还是到丹麦大使馆去报告遗失护照？还是坐在警察局里干等？

他突然对自己说："不行，这些事我一件也不能做。我要好好看看华盛顿。说不定我以后没有机会再来，但是现在仍有宝贵的一天待在这个国家里。好在今天晚上还有机票到芝加哥去，一定有时间解决护照和钱的问题。

"我跟以前的我还是同一个人。那时我很快乐，现在也应该快乐呀。我不能白白浪费时间，现在正是享受的好时候。"

于是他立刻动身，徒步参观了白宫和国会山庄，并且参观了几座大博物馆，还爬到华盛顿纪念馆的顶端。他去不成原先想去的阿灵顿和许多别的地方，但他看过的，他都看得更仔细。

等他回到丹麦以后，这趟美国之旅最使他怀念的却是在华盛顿漫步的那一天—如果他没有运用做事的秘诀就会白白溜走的那一天。"现在"就是最好的时候，他知道在"现在"还没有变成"昨天我本来可以……"之前就把它抓住。

这里顺便把他的故事说完吧，就在多事的那一天过了 5 天之后，华盛顿警方找到了他的皮夹和护照，并且送还给他。

总之，如果下定决心立刻去做，往往会激发潜能，往往会使你最热望的梦想也实现。

史威济非常喜欢打猎和钓鱼，他最喜欢的生活是带着钓鱼竿和猎枪步行 50 里到森林里，过几天以后再回来，筋疲力尽，满身污泥而快乐无比。

这类嗜好唯一不便的是，他是个保险推销员，打猎钓鱼太花时间。有一天，当他依依不舍地离开心爱的鲈鱼湖准备打道回府时，突发异想，在这荒山野地里会不会也有居民需要保险？那他不就可以同时工作又有户外逍遥了吗？结果他发现果真有这种人：他们是阿拉斯加铁路公司的员工。他们散居在沿线500里各段路轨的附近。他可不可以沿铁路向这些铁路工作人员、猎人和淘金者拉保险呢？

史威济就在想到这个主意的当天开始积极计划。他向一个旅行社打听清楚以后，就开始整理行装。他没有停下来让恐惧乘虚而入，自己吓自己会使以后认为自己的主意变得很荒唐，以为它可能失败。他也不左思右想找借口，他只是搭上船直接前往阿拉斯加的"西湖"。

史威济沿着铁路走了好几趟，那里的人都叫他"步行的史威济"，他成为那些与世隔绝的家庭最欢迎的人。同时，他也代表了外面的世界。不但如此，他还学会理发，替当地人免费服务。他还无师自通地学会了烹饪。由于那些单身汉吃厌了罐头食品和腌肉之类，他的手艺当然使他变成最受欢迎的贵客。

同时，他也正在做一件自然而然的事，正在做自己想做的事：徜徉于山野之间、打猎、钓鱼，并且——像他所说的——"过史威济的生活"。

在人寿保险事业里，对于一年卖出 100 万元以上的人设有光荣的特别头衔，叫作"百万圆桌"在史威济的故事中，最不平常而使人惊讶的是，在他把突发的一念付诸实行以后，在动身前往阿拉斯加的荒原以后，在沿线走过没人愿意前来的铁路以后，他一年之内就做成了百万元的生意，因而赢得"圆桌"上的一席地位。假使他在突发奇想时，有半点迟疑，这一切都不可能发生。

Part 6

趁着年轻，去完成每一个可能完成的梦想

在平凡的生命里，每个人的梦想不同，追求的价值也不同。可是他们的共同点是，向着梦想的道路前进。他们可能平凡，但是却执着于自己的梦想。

实现梦想的人生，是完美的人生，所以梦想是人生的前提，是缔造人生的途径。梦想，是助你翱翔世界的翅膀；是一眼清泉，纯洁无瑕，不求名利的；是迷雾中的光芒，使人充满了生存的希望。

走出去，面对更广阔的世界

一个人不走出去面对更广阔的世界，人就会像一只井底青蛙，只见到井口那么大的一片天。世界是广阔的，生活又那么丰富，不走出去你就永远无法获得成就事业和开创美好人生的视野和奇特思维，你的一生也会平淡无奇地度过。

一个成天埋头工作或只钻在书堆里的人很难在事业上有大发展。"读万卷书，行万里路"，这样的行为准则有助于你事业的成功。在更多地方留下你的足迹，能增长见识、开阔眼界，提高应变能力，这可以弥补你视野窄、知识不足的缺陷。

列夫·托尔斯泰曾说："一个作家的思维敏不敏捷，很多时候不在于这个作家读了多少书，掌握了多少知识，而在于他是不是经常外出走一走，让自己的见识不一般。"不只是作家，其实政治家、商人、教师、律师、工人、农民要成就一番与众不同的事业，也很有必要增长见识。日本一个做丝绸生意的商人三蒲次郎很少出国，好些朋友都劝他多到几个国家走走，但他觉得自己太忙，再说生意还过得去，认为朋友的建议是在浪费时间。三蒲次郎勤奋而热忱地工作着，可他的丝绸生意却每况愈下。三蒲次郎对朋友说："现在做生意太难了，自己简直搞不清楚经营失败在什么地方。"朋友对他说："现在你必须出去走走了。"可三蒲次郎觉得朋友的建议没有实在意义，依然只顾尽心工作。20 年后，三蒲次郎把自己的生意交给了儿子经营，这时的三蒲次郎已经老了，丝绸生意衰败得几乎破产。

你只是看起来很努力

他的儿子听从长辈们的建议，先后到美国、澳大利亚、加拿大、中国、印度等国家去旅游了一趟，把三蒲次郎几十年苦心经营余存下的资金几乎用光了，三蒲次郎极为生气，骂儿子是个败家子。可儿子却兴奋地告诉他，自己在三五年内要把丝绸生意做得比他父亲的任何经营阶段都要红火。原来，儿子到这些国家做市场调查去了，通过考察比较、分析，最后决定从价格较低的中国进丝绸原料，回到日本加工后再销往丝绸服装需求量较大的美国。儿子的决策获得了成功，在三蒲次郎手里面临倒闭的企业在儿子手中重新发达起来。三蒲次郎心情复杂地对朋友们说："我犯了一个大错，埋头工作不看路，束缚自己的手脚等于在束缚自己的头脑。我现在已经老了，无法挽回这种错误，幸好我儿子同我不一样。"

在更多的地方留下你的足迹，是年轻时就该做的事情，如果你不想像三蒲次郎那样到年老时才深表遗憾的话，那现在就迈开你的双腿走一到更多的地方去。

在更多的地方留下你的足迹，能增加你的阅历，丰富你的生活，获得更多的人生经验和情趣。

在旅途中你会遇到各种各样的人和事。和陌生的人打交道，走近以前从未经历的事情。你离开了自己熟悉的环境，面对一个与朋友、家人和平常生活工作环境完全不同的世界，一切突发事件和人际关系都靠你自己处理。你会发现自己渐渐长大了，成熟了，办事有经验和信心，再回到你原来的生活工作环境，你会发现以前感到特别难办的事现在好办了，以前很难克服的困难现在也容易克服了。

美国著名旅行家贝朗告诫青年人说："你必须到更多的国

家去走走，你必须和更多的人去交流。旅行对于你们这些青年人来说，是人生最重要的课程之一。"

有个叫迈克的青年大学生毕业后不知自己该干什么职业，总觉得这个也好，那个也好，但始终犹豫不决。他找到贝朗诉说苦衷，并问贝朗自己该干什么。贝朗说该干什么得由你自己决定，我无法帮你，不过你可以先跟我一同出去旅行，它或许对你有所帮助。

迈克随贝朗3年之中几乎走遍了所有欧洲国家，还到了东方的日本、中国、印度等国家，3年之后的迈克大长了见识，也获得了从书本和平常环境中无法获得的知识和体验。"我感到自己旅行的举动太正确了，贝朗的建议让我得到了想要的任何东西。"迈克在当上一名出色的律师后，深有感触地对他的同事说。

泰戈尔写下《游思集》《园丁集》《飞鸟集》《流萤集》《吉檀迦利》等为世界人民所喜爱的诗篇，他对朋友谈起写作的感受时曾说："走出去，走出去，你的思想就会像宇宙一样博大，你的诗文就会像歌声一样美妙。"印度思想家奥修极力推崇泰戈尔"走出去"的思想，他传道的足迹踏遍100多个国家和地区。他不断学习，吸取各国各民族有用的东西充实自己，并把人类优秀的思想和文化通过自己传播给需要它的人们。

在更多的地方留下你的足迹，还有利于你了解不同国家和地域的风土人情，感受人类博大精深的文化与生活，提高自己的修养和审美水平。

你所到之处，人们的语言、文化、肤色都有差异，各处的气候、土壤、地理环境都有差异。你走过的地方越多，越能感受到人类文化的丰富、人类开创的文明的浩大和精深。地球的每一个角落，生命的繁衍和抗争一刻不停，东西方文化的极大差异会留给你更多的思考。

人类拥有一个地球，你拥有自己的生活，珍惜环境，珍惜生命，感受自然或文化带来的欢愉会教给你如何勤奋工作，开创自己美好的人生，开创人类共同的美好人生。

如果你目前还未具备到更多国家去走走的条件，那你至少也应该到国内更多的地方去走走，尽量走得远些，感受多些，每天用笔记下你的行程、你的见闻、你的感受和你的收获等等。

也许目前你对旅行不感兴趣，那不要紧，生活中你必须做的每一件事都不一定是你感兴趣的事，有些你不感兴趣的事却对你极为重要，甚至对你的一生产生重大而深远的影响。如果你对旅行不感兴趣，那就把它当作是自己有意的一次锻炼去做。走出去，你的兴趣也许会转变，你的所得也许会让你自己吃惊。

趁你还年轻，还来得及做很多事情，还来得及纠正自己的固执或偏见，尽可能在更多的地方留下你的足迹吧。尽可能在更多的地方留下你的足迹，会让你在年轻时大有收获，在年老时少些遗憾。记住诗人泰戈尔的话："走出去，走出去……"

去见见那些职高位尊的人

去会会职高位尊的人，不仅可以提高你表现自己才华的勇气，也能够让你学会从成功人士身上吸取你缺乏的东西。

无论你是已婚还是未婚，迷人还是平凡，富裕还是贫困，年迈还是年轻,常常会在没有准备的情况下面对这种机会。记住:在这种状况下，每个人都有某种程度的担忧或无言以对。

在各种不同场合，如公寓里、宴会中、游艇上，甚至敌对的团体或俱乐部，如何做自我介绍是一种很重要的技巧。对某些人而言，会会职高位尊的人是一种难得的锻炼机会；但是对另一些人而言，去会职高位尊的人是一种沉重的负担，他们担心由于自己地位的卑微，自尊心会受到伤害。这种担心是可以理解的，但你必须要迈出这一步。职高位尊的人对你人生的影响有时是巨大的，你无法拒绝这件事。

自我介绍，这是第一步，你要强化介绍时的气氛和姿态。即使你毫无权力，但是做得好的话，你仍会变成一块磁石以吸引别人来和你谈话，你可以创造出迷人的风采，要以自己的外貌为荣，要觉得自己的声音有魅力，要认为你比其他人更有涵养，除了自己肯定之外，最重要的是能够立即把思绪或情感变成风趣动人的言语。

所有的结识都是从陌生人开始的，而每个新的接触都可视之为挑战或测试，被人拒绝，会增加将来与人接触的宝贵经验。

下列几点，有助于帮助你建立一个良好的自我介绍模式。

1. 谈话时段落分明。这是自我介绍中最重要的规则。

2. 对于别人特殊之部分给予大方的关怀。恭维对方值得恭维的部分，对于他感兴趣的个人事物要仔细聆听，并尽可能提出问题，使他滔滔不绝地说下去，当收到"我对你感兴趣"的讯息时，他的防卫就会缓解。

3. 记住三个要素：积极（Positive），个人（Personal），要领（Pertinent）。积极的态度是一块磁石，个人的接触可使情感

你只是看起来很努力

亲密，而有要领的谈话则可单刀直入地攻下对方城池。

4. 当你以直接而诚恳的态度去接近别人时，他会对你更认同。要知道他们的生活中充满了公事公办的虚伪和讨好献媚的庸俗，对于你的健康诚恳的态度，他们感到耳目一新。

5. 在自我介绍完毕之后，不要去注意外貌或风采，千万不要开始整理头发或检视皮鞋，你要多听多讲，最佳的交谈是忘却时钟和外界压力，尤其在最初的几分钟里，你必须切记此点，即使一个乏味的人向你做自我介绍，你也可以因为全神贯注的倾听而成为那人瞩目的焦点。

6. 只要是生活中涉及的每件事都是很重要的，如果你对接触不满意，自我介绍毫无作用，不要失望，你还有机会去做其他的接触。

7. 微笑虽然无语言，但它仍属于交谈的范围。一个愉快的动作，一个露齿而笑，一个会心笑意，都会使你的脸庞更美好。记住，微笑是笑的开始，当对方表露出赞同反应时，你想把笑变成欢笑仍需努力。有的人害怕自己废话连篇惹人心烦，那么让你的微笑作为别人下课的休息时间，你也可以趁此轻松一下，再继续刚才的话题。

谈论自己的事情时，要引起对方的兴趣或好奇，因为这种话题有助于双方的反应。有的人很健谈，他们的话题在性方面打转，但是不会让人感觉肮脏，有强烈的个人主义，但是绝不虚伪，风趣但不讥讽。

接触的艺术需要训练。一位新闻记者朋友说，他可以在任何职业或社交场合中畅所欲言，因为在 20 年的从业期间，他拜访接见过无数的人，已经建立了无比的信心。换句话说，一个人和不同的人接触，会产生完美愉悦的经验，也有可能会因语言乏味话不投机。总之，自信和诚恳是你认识新人的两大基石，当你的自我获得满足时，别人拒绝你，你也能微笑地说："这是他们的损失。"

在拓展交友能力的过程中，会因为焦虑而产生困窘的情绪，如果你感觉紧张，那是因为你太在意自己给对方造成什么样的印象，太在意接触所产生的效果，如果你认为强度不够，加大强度有可能给人留下一个失真虚伪的印象。记住，不要欺骗或夸张，因为别人可能会感觉到你的虚伪，而将你拒之门外。

只要你能以开放而诚恳的态度来接近别人，就建立了自我尊严的基石，并且容易为人所接受，所以你去会职高位尊的人时，必须表现出你的真面目。请记住自我介绍的四个原则：

1. 对自己要有信心；

2. 对自己所说的话要有创意；

3. 将自己全部的注意力用于对别人的关怀上；

4. 体贴别人。

成功的接触，必须是心的真诚往来，如果你只是想借此利用他人，不论你的理由有多充分，一旦被发现，也会被摒弃在关怀的大门之外。

去会会职高位尊的人，除获得以上这些收益之外，你还有可能多一个极为出色的朋友，或者从那个职高位尊的人身上学到一些优秀的品质或才能，这些收获对你今后生活的顺利和事业的开拓有重大作用。

当你有一天也成为一个职高位尊的人时，你会时时想起自己年轻时的这次会见，并为自己的这种锻炼感到庆幸。这种锻炼是你人生中的一件大事，你美好人生的许多起步就从这里开始了。

与令人讨厌的人打交道

有时我们必须要与一些令人讨厌的家伙打交道，一起工作，一起生活。这类人或许是你的顶头上司，或许是你家庭的一个成员，总之你无法回避他们。

这些难以相处的人大致可以分成 7 个类型。

攻击型：这类人喜欢用训斥和尖刻的语言来欺侮、压倒别人，在所有话题上与别人相反，总之是他与众不同，他正确、他比别人强大。如果事物没有朝他们认定的那种方式发展，就要大发雷霆。

抱怨型：这种人总是在不停地抱怨，对一切事都抱怨，却从来不打算为解决他所抱怨的事情干点实事。这或许是他们自觉没有解决问题的能力，或者是他们不愿意承担责任。大多数情况下，以后者居多。

沉默无反应型：这种人对你可能提出的每一个问题、每一次求援的请求都答以"好""不"或者咕哝一声了事。

满口应承型：这种人通常有趣而且好交际，给人的感觉是理智、真诚、热情；但他们从不兑现自己的诺言，如果你对他们抱有某种希冀，通常都要失望。

否定论者：每当你提出某项计划，否定论者总是以"这行不通""那不可能"为理由提出反对意见，以显示他们的才能。不管你有多乐观，他们也能使你变得灰心丧气。

万事通行家型：这类人喜欢表现自己通晓一切事物的规律和背景，喜欢做结论，喜欢装腔作势。他们喜欢把自己的意志强加于人，千方百计打击你的自信心，使你觉得自己像个白痴。

优柔寡断型：在重大问题上迟疑不决，在一件本应很顺利的事情上拖得你直冒火。非得外力逼迫他们必须做出决定时才有意见表白出来；喜欢十全十美的事物，然而也仅仅是喜欢而已，他们根本不会去做点什么。

在我们谈到这7种类型的人时，有一点需要明确，即我们基本排除那些道德品质不好、蓄意要做坏事的人。这7类人之所以难以接触，主要是性格使然。从总体上讲，要想行之有效地对付这些令人讨厌的家伙，充分了解他们的心理背景是十分重要的。

攻击类型的人有着一种极强烈的欲望，即向他自己和别人表明，他对外部世界的看法总是正确的，在他们看来，完成一件事物是很容易的，只要你按照他们的设想前进，无往而不胜。在这些人的内心里，周围大多数人他们是瞧不上眼的，认为无论学识还是工作能力，大多数人都无法与自己相比。

对付这一类人可以采取以下的方法：

第一种方法是，你要挺直自己的腰杆，如果你在他的进攻面前惊慌失措，任其摆布，那在他们看来，你就完全消失了，你的退缩正好又一次验证了他比大多数人要强的结论。不但这次你被冷落，将来也照样会遭遇冷落。你必须挺直自己的腰杆，表现得比他还要强大，他才会揉揉眼睛，重新审视过去对你的评价。

第二种方法是，要给对方发泄怒气的机会。如果你在他气势汹汹时正面对抗，就会挑起事端。如果你保持威严，两眼紧紧盯住对方，先不开口，一旦他的进攻势头减缓，你立即出击，便可大获全胜。

第三种方法是，打断对方的谈话，不必客气。根据当时的情况，适时打断对方的谈话，使他整个进攻的节奏被打乱。打断他的谈话后，你可以长篇大论发表自己的看法，也可以简单地说几句，待对方恢复谈话后，再适时打断他，骚扰对方，达到销蚀他气势的目的。

第四种方法是，随时准备做出友好的表示。我们并不是在同魔鬼打交道，论战的对方有时与我们关系很亲密，所以有冲突是性格因素使然。如果我们一味坚持进攻，很可能造成两败俱伤，人际关系也要受到伤害。因此，在争论过程中随时准备做出友好的表示，拍一拍对方的肩膀，给他端来一杯水，能有效地缓解冲突的紧张程度，销蚀对方的气焰，从而达到取胜的目的。如果对方是你的长辈或你的顶头上司，更是要注意刚柔相济，文武兼备，既要不怕对方的权威，又要指出他的谬误，并阐明自己的观点。"请稍等，要是你认为我不知道谁在这儿干事，你就错了。你是头儿！不论你最后怎么决定，我都会尽全力去工作。可是对于我应该执行什么样的方针，我有自己的一些想法。"

抱怨型的人可以细分为两种，即直接抱怨型和间接抱怨型。直接抱怨型的对象是与你直接有关的事物，从你的桌子太乱到你工作方法的设计；间接抱怨型抱怨的对象是与你不直接有关的事物，他们在抱怨时把你设置成一名忠实的听众。

抱怨型人心理最显著的一条特点是，他们对现存事物的无能为力。即使他是个领导者，当他抱怨下属做事不合他心意时，也是一副无可奈何的样子。

　　抱怨型人对事物的抱怨，是一团很混沌的东西，既可以看成他对被抱怨者的警告，也可以看成他退却前的前奏，或者仅仅是一种自我安慰罢了，"我已经说过了，尽过力了"。不能以此来自解对某些人某些情况而言，抱怨还意味着推卸责任。

　　在大多数情况下，抱怨者所抱怨的事实确实是存在的；大家讨厌这种人，主要是讨厌他解决问题、表达观点的方法。对抱怨者的反击也是从这方面入手的人。

　　对付抱怨者的第一个方法是全神贯注地倾听。有人会不以为然："我们之所以讨厌那些家伙，就是受不了他们的唠唠叨叨，我怎么可能去听他的废话？"

　　耐心倾听抱怨者的叙述的确是一桩很困难的事，但同时它又是一件强有力的人际关系工具。在很多情况下，抱怨者抱怨某些事实不合自己的心意并不是他的初衷，完全是他对某个人有怨恨的情绪，才找来具体材料填实情绪的中空，他所要求的其实只是希望有人听他叙述，他所中意的只是叙述这个动作，这是他获得心理快感的方式。从极端的角度讲，如果每个喜欢抱怨的人在叙述时都能找到忠实的听众，大多抱怨者就要改行了。

　　对付抱怨者的第二个方法是承认确实存在的事实，不论是自己的还是他人的，都不要回避事实。如果涉及自己，最好能做出善意的解释或道歉。承认事实是截断抱怨者唠唠叨叨的有效方法，因为他之所以要唠叨要抱怨，就是假设别人不肯承认

你只是看起来很努力

202

事实。你承认了的确存在的现实，撤了"火"，抽出他抱怨的"内核"，就等于销蚀掉"抱怨"这个动作，毕竟他不能不停地说"我要抱怨，我要生气"而说不出一点具体的事实。

对抱怨者抱怨中那些不符合事实的部分要适当反击，陈述事实真相而不加评论。喜欢抱怨的人通常没有强词夺理的勇气，他们更擅长用唯美的标准来分解现实，从而引发抱怨。如果你从事实出发，用细致的分析否定抱怨者那种似是而非的议论，你就取得了主动权。如果你不注意从陈述事实的角度开始反击，用非常情绪化的语言去交涉，就有可能陷入"指责—辩解—反指责"的死循环中。

陈述事实，不加辩解，是对付抱怨者的第二个有效的方法。

从上述的分析可以看出，抱怨者是一些很懦弱的人，他们不停地抱怨：一是为了掩盖内心的不安，二是推卸自己的责任以求自保。对付这类人，只要抓住了这一特点，就能想出许多办法来。

如果所有的方法都试过了，抱怨者仍然没有停止那"流鼻涕式"的絮叨，还有一招也许可以扭转局势：你可以对两人之间这场无意义的谈话的结局做一个展望。"请等一下，张千，你到底希望我们之间的讨论得出个什么结果？一下午我们都在讨论你那台机器，你到底想不想修好它呢，想不想让你的汽车配件厂迅速恢复运转？"你应该有思想准备，第一次试用这种策略时，它未必有效，抱怨者仍会把注意力放在刚才争论不休的事情上，你应该再次适时插话，再尝试一次这种办法。

如果你想与之交谈的对象对你的问题、叙述一言不发，你便无从知道他在想什么，对这种沉默无反应型的人，该怎样对付呢？

　　同样是一言不发，却可能是完全不同类型的人。对一些人来说，一言不发是应付那些可能令人痛苦的人际往来的局面，他有着一些无法对人说明的隐痛。对另外一些人来说，沉默的意义在于它是一种有效的进攻，他非常习惯用这种方法来伤害人。如果想要伤害与之交流的人，就其手段的巧妙和安全程度而言，有什么能与沉默这种方法相比？高傲者常常用沉默的方法对待他不屑为伍的人。如果你对某种事物一无所知，一言不发是逃避别人提问的最好方法。如果你想掩饰内心的惊慌，也可以一言不发。

　　对待一言不发者最好的方法就是"以其人之道，还治其人之身"，友好地、默默地注视着对方。

　　对一言不发者来说，他已经习惯了沉默不语带来的胜利，你叫得越凶，他越感觉安全。如果你也采用与他同样的方法，他的安全设防不存在了，他就会不安起来，有时他会主动找话题来与你交谈。

　　对于你来说，友好地、默默地注视有两个好处：一是为整理自己的思绪提供一个空隙，二是可以使用等待的这段时间做些自己急需做的事情。

　　在沉默的过程中，你并不是无事可做，认真观察对方各种细微的变化，寻找突然开口打破对方防线的机会。对那些老练的一言不发者，如果你觉察对方在同你进行"看谁耗得过谁"这样的较量时，你应该结束这个动作，寻找更有效的方法。

　　对那些老练的一言不发者，最有效的方法是把谈话引到一个双方都有利益的情境，逼对方开口。譬如你与他讨论某件事没有得到反响，可以先找另一个话题，逼他开口做出决定，否则他就会受到损失。只要他开了口，就不会再沉默下去。

满口应承型的人虽然表面上讨你高兴，但就造成的伤害而言，这类人也许是最令人讨厌的家伙。

满口应承型的人之所以要轻易许下诺言而从不兑现，是他们需要在公众场合给人留下一个快乐、有情趣、有风度、热情、乐于助人、是很重要的人物的形象，他非常需要这个形象来掩饰自己的天生不足。也有一部分人，他们满口应承是为了避免在公众场合发生冲突。

了解了这类人的心理特点，就不难找出应付他们的方法，在他们轻易作出允诺的时候，你可以直接提出这种诺言的重要性，以及如果不履行可能造成的伤害。譬如你可以这样回应对方的诺言："我非常赞同你的想法，因为我对我们之间的友谊充满信心。"切忌采用暗示攻击的方法，给对方勾画一个轻诺寡信的形象，这样会伤害对方，同时对你自己的形象也是一种玷污。

否定论者和我们一样，内心深处都存有一种潜在的绝望感，否定论者将这种绝望感从潜意识层面提升到了意识的层面。

否定论者和抱怨者类似，对现实和自己的能力没有充分的信心，所不同的是抱怨者连自己的人格力量都开始丧失，而否定论者还是要通过强化自己的人格力量来掩盖内心的绝望。他们并不是有意识地要阻挠任何具体方案，他们要阻挠的是实施方案的人。"既然我都不行，你们肯定也不行。"

否定论者的可怕在于，他始终不渝而又合情合理地传播着那种无可奈何的怨恨情绪，这种情绪像一种传染病，会很快地蔓延到我们身上。比如某个主管是个否定论者，他手下的人正在为是否向他提出某项计划争论，这时有人出来说："我看算了，即便是再好的计划他也不会同意，从来都是这样。"鉴于以往的经验，大家不得不同意这个人的意见，绝望的情绪一下子就传染给在场的每一个人。

对付否定论者，自己首先要保持乐观的情绪，坚信局面会改变，不要受绝望情绪的传染。同时不要试图说服否定论者放弃他的悲观情绪以及他为具体方案找出的否定论据，后者是他的"得意之作"应该客观地看待否定论者所预言的不利结局，把它看成是潜在的问题，在肯定这个问题的同时也展开实现的可能性，就像是一只鸟展开它的双翅，用乐观的情绪感染否定论者，期望他能改变自己的观点。对那些有权势的否定论者来说，能够不反对下属的计划已经是天大的转变了，不要期望过高而去寻求他对这些计划的热情支持。

与抱怨者和否定论者相比较，万事通行家型的人的心境是很快乐的。

他们总带着一种绝对肯定、不容怀疑的腔调，尽管他们并非出于有意，却使他人感到自己好像是受了他们的恩赐。当出了差错时，他们往往认为过错在于那些具体执行计划的无能之辈。不过最令人丧气的是，有的时候，这些令人无法忍受的家伙往往证明是绝对正确的，因此更令他人感觉受到了侮辱。

万事通行家型的人，他们坚定的语气来源于他们对知识的掌握。如果我们深入研究一下这类人的心路历程会发现，这种好为人师的习惯往往来源于早年那种自尊心受到极大伤害的经历。为了消除这个阴影，他们紧紧抓住了"知识"的法宝，一且有机会，便不遗余力地表现自己，以求心理上的满足和平衡。

如果你讨厌这类人，要想反击他们，你就要做好准备工作，如果不能在"知识"这块土地上打倒对方，你就不可能取得最终的胜利。在实施攻击的时候，不要急于进攻，要注意倾听对方的谈话并表示你听懂了，而且鼓励他继续下去，这样你就有充裕的时间来寻找对方的破绽。一旦抓到，立即实施攻击，力求一次打垮对方。

对付这类人的另一个有效的方法是自己提出更出色的答案，虽然你不直接对他们提出挑战，但就震撼力而言是一样的。

当然还有不负责任的一招，就是鼓励他们继续尽可能长地说下去，充分利用他们的兴奋度，将话题引向荒谬，导致他们得出荒唐的结论。

迟疑不决者是我们将要分析的最后一种类型。他们之所以迟疑不决，一是他们有难言之隐，又不愿直接表白；二是他们有意拖延，期待事物朝对自己有利的方面变化，由于常用此法，给人以习惯拖延的感觉；第三种可能是出于善心，他可能是为你考虑，故意不将你的错误决定立即实施。

对付拖延者的最有效的办法是逼他们把问题公开化，不管是何种原因，公开问题是打破拖延行为的关键之处。应该创造一种开诚布公的气氛，鼓励拖延者主动谈出原因，充分尊重他们的思考。对于喜欢用拖延法取胜的人，要适时结合具体进展指出这种方法的荒谬之处。

如果造成拖延的原因在自己，或对方是出于为你考虑的因素故意拖延的，一定要认真思考对方的担心是否合理。

参加一次竞选

参加一次竞选——不管你竞选的是学生干部、企业总管还是州长甚至总统，当你完成一次竞选，当你为竞选而东奔西走，不管这种竞选能否成功，你都会发现，你的所得完全超出了自己的想象。

1. 获得表达技巧

就算你根本没有打算要在什么时候公开演说，但你无法避免与社会的交流和沟通，你表达的能力如何，不但决定竞选的成败，也可决定你日后事业的成败。

当你在发表你的观点时，心里首先想的是你说话的目的：究竟是要提供消息、欢娱听众，还是说服听众赞同你的立场，或游说他们采取某种行动？在做公开演说时，你应尽量使这些目的分明。不论在演说内容还是在讲演的态度方面，你都要刻苦锻炼自己的这种能力。

平日里讲话，这些目的常变动不定，彼此相互涵容，并常一日数易。某一刻里也许你还在同朋友纵情闲聊，突然下一刻里也许就要翻动三寸不烂之舌，竭力推销一项产品，或谆谆劝告孩子要把零用钱存入银行里。当你把这些用于你的竞选之中，有效说明自己的意念，并能巧妙而成功地说服别人，便能充分达到你的目的。一旦你热衷于表达自己的意念时，哪怕是规模有限，你也会开始搜寻自己的经验，作为话题的资料。就这样，奇妙的事情发生了——你的视野开始扩展，你看到自己的生命有了新的一层意义。

这时你已学会了清晰、连贯地思考和强有力地表达你的思想。你已经学会快速思考与选择词语的技巧。这种技巧不只限于你竞选时的演讲——它还可以在以后的日子里每天为你所用。

2. 获得影响力

在你为竞选而积极准备的过程中，你不但要利用自己的一切优势来多拉选票，还要把你的一切潜能想法发挥出来，你要利用你的亲人、你的朋友、你认识和不认识的人为你进行宣传，而要让别人为你做事，最重要的是你的影响力如何。

以山姆·李文生为例吧，他身兼广播和电视明星，而且是个美国标准的想一睹为快的讲演者。他过去在纽约任中学教员，平常喜欢就自己最了解的，像自己家庭、亲戚、学生，以及工作当中不寻常的方面，发表简短的谈话，以锻炼自己对他人的影响力。长期坚持这样做的结果是：那些谈话，听众反应热烈。不久，他就被请去对许多团体演说，并成为许多广播节目的特别来宾。不久，山姆·李文生便把自己的才华完全转向娱乐界发展。

当你为竞选而奔走时，也许并不像山姆·李文生那么顺利，他在获得所希望的影响力时，总会经历到一些恐惧，一些震击，一些精神上的紧张。即使曾做过无数次公开演出的大音乐家，也会有相同的感觉。帕德列夫斯基临要在钢琴面前坐下前，总是紧张地摸弄着袖口。可是等到一开始弹奏，他所有的恐惧就像八月阳光里的雾，瞬间消失无踪。

别人的经验亦能为你所经历。只要你坚忍不拔，不久你的所有顾虑都会一扫而光，包括这种初期的恐惧。说过了开始的几句话，你就会完全把握住自己，就会自信而欢喜地讲下去。

相信自己的影响力，你就能获得这种影响力。在为竞选奔走的途中，将你的影响力发挥出来，这不仅仅是你日常生活中无法得到的锻炼，同时也是一项挑战。想想那种自恃、自信和闲适的神态，都是属于你的；想想那种把握注意力、震撼情感和说服群众去行动的胜利感，你会发现，自我表达能力也能造就别的方面的能力，因为有效说话训练是一条锻炼影响力的康庄大道。

不管你竞选获胜还是失败，你都有了通往各行各业与各种生活中所必备的自信，你会发现沿途的障碍都会消失殆尽。

3. 获得反败为胜的勇气

在竞选中，不管你经历了怎样独特的失败，请相信你不是孤立无援的。失败者有庞大的队伍，而且这个队伍还在壮大。

在这个飞速变化的经济世界里，唯一的安全便是自信能够对付不安全。你无法摆脱失败的可能性，而找到一个世外桃源，唯一的办法是你要有反败为胜的勇气。

要反败为胜，你要多找找自己失败的原因：

（1）你是否缺乏交际才能？

许多人因为这个原因失败自己却不知道，他们总认为是"办公室政治"让自己摔了跟斗，可办公室政治不过是一种人际关系。

交际才能也是一种社交知识的体现。你可以拥有渊博的学术知识，可仍然成不了聪明人，真正的聪明人是善于处理人际关系的人。

（2）你是否待人太冷漠？

你是否善于听取话中之话？

你是否善于提出和接受批评？

你的情绪是否稳定？

应该对你的交际才能作具体分析。有人很难与上司打交道，但与部下们的关系却处理得恰到好处；有人能聪明地对付上司，对部下却傲慢无礼。提高社交能力的第一步就是强化自己的薄弱环节。

一旦找出问题所在，你就应着手改变自己。社交智慧不是与生俱来，而是后天努力的结果。

（3）你是否能适应环境？

竞选时，最大的成功要求能力、个性、风格、价值观与环境适合。为要达到自己的目标，必须全力以赴。

花时间审视自己，把自己的长处和短处都排列出来，尽力克服不足而发挥长处。心中随时装进一个成功的自己，这个内心形象会在你面对选民时激励你去闯自己的路。自信者总是铿锵有力地宣布自己的打算，竭力适应周围环境以博取他人的信任。

（4）你是否能面对现实？

假如你在竞选中失败了，你应承认并重新认识现实，这是为了将来的人生不误入歧途。

挫折之后的一段时间里，过去总像阴影一样笼罩着你。你无休止地想着那已经发生的事，当时的情景又一次浮现在脑海里。回顾过去，是前进的基础，你应学会当自己的历史学家。

失败后，要诚实地对待自己，这是最关键的。只有坦率地处理好为什么失败这个问题，才能使失败成为成功之母。应该采用分析的眼光看人看事，决不要感情用事。

（5）你是否听说过"重新解释自己的故事"？

失败最恼人的一面是你感到失去了控制，打击迎面而来，令你猝不及防。你突然间变得软弱无力，身外的力量决定了你的命运。

这是失败使人产生的感觉，然而，这并不是真实的。你应重新解释自己的故事。

①使自己感觉良好。一切能够达到目的的手段都可施行，以一种最为肯定的眼光来看待过去，体现了一种良好的精神状态。

②会用"讲述"。失败后，如果作为讲述者的你总讲阴暗面，作为听众的你便会感到悲哀。如果作为讲述者的你，强调自己的功绩，而对阴暗面只是轻描淡写，作为听众的你也会因此被激励。事情并无变化，关键在于你如何讲述。

③肯定地看待过去，使你摆脱困境。如果你一直陷在否定的解释中，你便将太多时间花在了忧虑上。忧虑可能占据了你所有的时间，忧虑中的胡思乱想、漫无边际的恐怖想象必然侵蚀你的想象力和精力。

导致忧虑的否定解释使你失去活动能力，肯定的解释却赋予你继续生活的勇气。

消除恐惧，锻炼冒险精神

你既然是个有梦想的年轻人，就要检验自己是否具有勇气和冒险精神，如果发现自己不具备这些，你就要试着去锻炼，因为在未来的道路上，你必须具备这种精神。当你软弱时，它会支撑你渡过难关；当你怯懦不前时，它会推动你前进。

世上没有万无一失的成功之路，前进的道路上总带有很大的随机性，各种要素往往变幻莫测，难以捉摸。所以，要想在波涛汹涌的成功大海里自由遨游，又非得有冒险的勇气不可。甚至有人认为，成功的主要因素便是勇气和冒险，做人必须学会正视冒险的意义，并把它视为成功的重要心理条件。

当然，锻炼勇气和冒险精神的方法很多，去最危险的职业现场无外乎千百种方法中的一种，你可以通过这种方法验证自己是否真的具备勇气和冒险精神。

"幸运喜欢光临勇敢的人。"冒险是表现在人身上的一种勇气和魄力。成功的人，他不一定比你"会"做，主要是他比你"敢"做。

哈默就是这样一个人。

1956年，58岁的哈默购买了西方石油公司，开始大做石油生意。石油是最能赚大钱的行业，也正因为最能赚钱，所以竞争尤为激烈。初涉石油领域的哈默要建立起自己的石油王国，无疑面临着极大的竞争风险。

首先碰到的是油源问题。1960年石油产量占美国总产量38%的得克萨斯州，已被几家大石油公司垄断，哈默无法插手；沙特阿拉伯是美国埃克森石油公司的天下，哈默难以染指。如何解决油源问题呢？1960年，当花费了1000万美元勘探基金而毫无结果时，哈默再一次冒险地接受了一位青年地质学家的建议：旧金山以东一片被德土古石油公司放弃的地区，可能蕴藏着丰富的天然气，并建议哈默的西方石油公司把它租下来。哈默又千方百计从各方面筹集了一大笔钱，投入了这一冒险的投资。当钻到 860 英尺（262 米）深时，终于钻出了加利福尼亚州的第二大天然气田，估计价值在 2 亿美元以上。

1921 年，曾获得医学博士学位的哈默得知苏联乌拉尔地区蔓延疫病的消息，出于同情心，他自带一套医疗设备前去援助。抵达莫斯科后，列宁对他说：苏联处于饥荒威胁之中，与医药援助相比，更需要粮食的援助。富有冒险精神的哈默遂提出以价值百万美元的粮食换取毛皮和鱼子酱的建议，没想立刻得到列宁的采纳。苏联人民缓和了饥饿的煎熬，哈默获取了美国市场的畅销物。一个条件优惠的"物物交换"，双方都得到了极大的利益。

石油大王哈默成功的事实告诉你：风险和利润的大小是成正比的，巨大的冒险能带来巨大的效果。

与其不尝试而失败，不如尝试了再失败，不战而败如同运动员竞赛时弃权，是一种极端怯懦的行为。作为一个成功人士，就必须具备坚强的毅力，以及"拼着失败的命也要试试看"的勇气和胆略。当然，冒风险也并非铤而走险，敢冒风险的勇气和胆略是建立在对客观现实的科学分析基础之上的。顺应客观规律，加上主观努力，力争从风险中获得效益，是成功者必备的心理素质，这就是人们常说的胆识结合。

在核能方面，低廉的能源是广泛使用核反应堆来生产电力的结果，而发电厂中所可能发生的最糟结果，无非是核反应堆失去控制，而这种情形的严重程度足以使核电厂采取一种叫"最可信意外事件"的设计。这种设计检验是各种假想的最恶劣原因的可能组合。例如，一家海边核电厂，其设计应该能阻挡住大海潮，虽然这种大海潮发生的可能性很小。一旦最恶劣的结果已被减少到最低限度，核能的发展应当能使人类更具信心。

一名职业网球选手提供了一个锻炼勇气和冒险精神的好例子："在赛完一场网球之后，我马上想到下一场球的对手，他是北加州一位声威颇高的选手，我知道他比我比赛经验丰富，而且技术也更好。当然我不能以第一回合的方式来打，否则将会溃不成军，我的情况不容乐观，膝盖仍然不稳，心情也不能集中，而且相当紧张。最后我坐下来静思，试试能否使自己安定下来。首先我问自己：'可能发生的最恶劣结果是什么？'答案很简单：'我可能以两局6：0输掉。''如果真是这样，你怎么办？''我就会被淘汰掉，收拾行李回家去。'别人问我打得如何，我会回答说：'输了第二场球。'他们可能说：'你的对手蛮强的，比分是多少呢？'我只好承认两局都拿了鸭蛋。我又问自己：'然后又会怎么样呢？'我回答自己：'虽然被击败了，但很快地我又会恢复正常，打得很好的。'

"我已经试着非常坦白地承认最恶劣的结果了，虽然这样不好，但还不至于不能忍受，更没有理由使自己烦恼。然后我又自问：'最理想的结果会是什么呢？'同样地，答案也很明显，我会以两局6：0获胜。

"这样想了最好和最坏的结果后，我觉得自己没有理由不去冒险打这一场球。"

第二场球的比分，比预料中的最坏结果来得好，这使他大为振奋，也使他感到放松，而且更有精力继续下一场的比赛。

如果你要求老板考虑加薪，你就应该比较可能发生的最好和最坏结果。最坏的结果可能是未获加薪，而且老板以后不理睬你；最好的结果是获得加薪，而且老板对你的自我肯定行为表示嘉奖，以后你又可以能够得到更高的薪水。

如果最后的结果没有支持你提出加薪的要求，试着修改加薪请示，以减轻可能造成的消极结果；或者不是鲁莽地提出加薪请求，而是有技巧地使老板了解，你对现有的薪水不满；或老板看出做同样工作的其他人，他们的薪水比你高。然后你决定是否去请求加薪。

锻炼冒险行为的步骤如下：

1. 列出实行冒险行为的最好结果和最坏结果。

2. 修改所要进行的冒险行为，以减轻最坏结果、增加最好结果。

3. 决定是否要尽你的精力和时间去施行冒险行为。

当你采取冒险行为时，你所遭受到的最大敌人就是恐惧。你要时时地提醒自己，千万不能成为恐怖的俘虏，也不能屈服于人类所制造出来的恶魔阴影。在你未来的人生道路上，会有7种大恐惧互相结合，加强力量，你越是害怕，它就会越来越肆无忌惮地将你吞噬。那么这些恐惧究竟是什么呢？

它们是对失败的恐惧，对受批评的恐惧，对贫穷的恐惧，对失去财产的恐惧，对年老的恐惧，对死亡的恐惧，对失去自由的恐惧。它们是你人生路上7块绊脚石，能不能越过它们，完全靠你自己。

当你能够睁大眼睛注视恐惧的东西，并且认为自己可以克服时，你就遇到一位非常伟大的援手，那就是勇气和冒险，它们是你人生里的双翼，有了它们，你才能在未来的天空飞翔。

告诫自己，绝望仅仅是黎明前的黑暗

任何成功者都不是天生的，成功的根本原因是开发了人的无穷的潜能，只要你抱着积极心态去开发你的潜能，你就会有用不完的能量，你的能力就会越用越强，你的人生就会越来越灿烂。相反，如果你不去开发自己的潜能，那你就只会叹息命运不公并且越来越消极无能。每一个人的体内都有相当大的潜能，爱迪生曾经说："如果我们做出所有我们能做的事情，我们毫无疑问地会使我们自己大吃一惊。"从这句话中，我们可以提出一个相当科学的问题："你一生有没有使自己惊奇过。"

常常听到很多碌碌无为的人感叹："没办法，我就是这个样子，没法改变了。"这句话是剂毒药，它使许多人甘愿平庸地生活，没有认识到自己只要经过自我挖掘，便会显示出非凡的力量。

众多的生活基本原则都是包含在我们大多数人永远不会去注意的最普通的日常生活经验中，同样的，真正的机会也经常藏匿在看来并不重要的生活琐事中。你可以立刻去询问你所遇到的任何 10 个人，问他们为什么不能在他们所从事的行业中获得更大的成就，这 10 个人当中，至少有 9 个将会告诉你，他们并未获得好机会。你可以对他们的行为作一整天的观察，以便对这 9 个人作更进一步的正确分析，结果你将会发现，他们在这一天的每个小时当中，正不知不觉地把自动来到他们面前的良好机会推掉了。

如果你将来想做一个非凡的成功者，那你就去体验一次精疲力竭的感觉。精疲力竭是人生理的一个重要感觉，它会使你重新认识自我。重新发现自我的生命中原来有如此多的宝石，重新拥有全新的人生。你也许会问，到哪里去体验精疲力竭的感觉？其实事情很简单，假如你每天晨练只跑 2000 米并认为这个路程是你身体所承受的极限，那么，在某一天早晨，你就命令自己要跑上 8000 米，你也许会被自己这个命令吓傻，认为那是完全不可能的，跑 8000 米自己肯定会累死的。但你千万不要犹豫，更不要循规蹈矩在跑完 2000 米就罢休，你不是要体验精疲力竭的感觉吗？那你就继续跑下去。当你跑到 5000 米时，你也许会感到头重脚轻，双眼发花，心脏似乎要跳出胸外。但你千万不要去管这一切，你只要跑下去跑下去，终于你跑完了 8000 米，你觉得自己快不行了，天旋地转，浑身酸痛，感到彻底精疲力竭了。有了这次的体验，你惊讶地发现你在一个早晨竟然跑完了 4 个早晨的路程，你根本没有想到自己的身体竟有如此的潜能。

一个一生都没有使自己惊奇过的人是永远不会成功的。很多杰出的成功者，在他们很年轻的时候，不仅使自己惊奇过，而且使周围的人都为他惊奇。

闻名遐迩的松下电器创始人松下幸之助先生在他几十年的经营实践中，特别强调对人自身潜力的挖掘。松下幸之助先生认为，潜力夜以继日地存于体内，以一种不为人知的程序利用了无穷尽的智慧力量；这种力量可以把一个人的欲望转化成现实，重要的是你能否控制住这种力量。

松下幸之助 1894 年 11 月 27 日出生在日本和歌山县一个农

民家庭。两个哥哥因病早逝，父亲把全部希望都寄托在这个唯一的儿子身上。由于父亲做大米生意失败，他9岁被迫辍学，先后在火盆店、自行车行学徒，苦苦干了7年。这期间，他曾几次萌发不想干的念头，但想起父亲希望他能当一个实业家的期望，他又激励自己坚持下去。松下先生后来回忆这段少年时光，常常抑制不住内心的激动说：正是少年的那段时光才奠定了他以后的人生道路。那7年中，他常常有精疲力竭的感觉，觉得人生实在重得像座大山，他没有能力背负这座大山。可每次萌生这种念头时，松下先生也常常想，难道自己这一生就这样下去吗？这正是少年的松下不同于常人的地方。当精疲力竭的感觉一次次袭向少年的松下时，松下并没有绝望、消沉乃至放弃，而是积极地挖掘自身潜能，执着地重塑自己。1901年，松下幸之助在大孤电灯已有了一个非常稳定的职位，但他还是下决心自己办企业并着手制造和销售电灯插座。1918年松下电器创作所正式开业，他任厂长，职工仅有他的妻子和内弟二人。开始生产电灯插座时，销路并不理想，10天时间仅卖出100个。经营上的失败曾使他陷入窘迫的境地，不得不靠典当妻子的衣服和首饰来维持生活。这时候松下幸之助又一次体验了他青年时期精疲力竭的感觉。他当时又烦恼又绝望，晚上常无法入睡，被忧虑和恐惧紧紧抓住。他身体越来越虚弱，精神和肉体几近崩溃，觉得一丝希望也看不到，没有任何事物可依靠，没有任何人可倾诉，他觉得这世上已没有一个朋友，甚至连家里人也反对他。松下幸之助如果在这时绝望乃至崩溃，就不会有今天遍布全球的松下电器。松下幸之助说："我当时只是每日重复一句话：我既然度过昨天，就能熬过今天。"正是由于松下对事业执着的追求，在困境中不退缩，终于使新型的电灯插座畅销，积累了资金扩大工厂。1925年，松下先生为自行车电池灯率先注册了风靡世界的商标。在第二次世界大战期间，为适应军事上的需要，建立了松下造船厂、飞机厂等。这时松下公司已拥有1.5万名员工。到1983年，松下公司有流动和固定资产16232亿日元，职工11.2万人；有110家工厂，23所研究机构；在国外附设70多家制造公司和销售公司，公司规模在日本电器行业中居第二位，在世界50家大公司中，松下列39位。松下幸之助在公司内，多年来一直讲着同一个寓言——一只鹰自以为是鸡的寓言。他不断地告诫公司职员，要随时随地挖掘自身潜力，你不是一只小鸡，而是一只属于蓝天的鹰。

　　寓言说，一个喜欢冒险的男孩爬到父亲养鸡场附近的一座山上去，发现了一个鹰巢。他从巢里拿了一只鹰蛋，带回养鸡场，把鹰蛋和鸡蛋混在一起，让一只母鸡来孵。孵出来的小鸡群里有一只小鹰，小鹰和小鸡一起长大，因而不知道自己除了是小鸡外还会是什么。它很满足，过着和鸡一样的生活。但是，当它逐渐长大的时候，它内心里就有一种奇特不安的感觉，它不时地想：我一定不是一只鸡！只是它一直没有采取什么行动！直到有一天，一只老鹰翱翔在养鸡场的上空，小鹰感觉到自己的双翼有一股奇特的新力量，感觉胸膛里的心正猛烈地跳着。它抬头看着老鹰的时候，一种想法出现在心中：养鸡场不是我待的地方，我要飞上青天，栖息在山岩之上。它从来没有飞过，但是它的内心里有着力量和天性。它展开了双翅，飞升到一座矮山的山顶上。极为兴奋之下，它再飞到更高的山顶上，最后冲上了青天，它发现了辽阔的青天，更发现了伟大的自己。

当你听到这个寓言时，你也许会说："这不过是个很好的寓言而已。我既非鸡，也非鹰，我只是一个人，而且是个平凡人，因此，我从没期望过有什么了不起的事业。"或许这正是问题的所在——你从来没有期望过自己能够做出什么了不起的事来。这是实情，而且这是严重的事实，那就是你只把自己钉在你自我期望的范围之内，你没有超越的渴望，更没有深入挖掘隐藏在你体内的巨大潜力。但人体确实具有比表现出来的更多的才气，更多的能力，更有效的机能，它们犹如隐藏在海水之下的冰山，只待你去积极地发现。不论有什么样的困难或危机影响到你的状况，只要你认为你行，就能够处理和解决这些困难或危机。对你的能力抱着肯定的想法，就能发挥出积极的潜力，并且因而产生有效的行动。

让我们来看一个平凡的人在瞬间所爆发出的巨大潜力的故事，他既不是松下幸之助，更不是洛克·菲勒，他仅仅是个平凡人。

当一个普普通通的农夫看到自己的儿子被突然翻倒的卡车压在车下时，这个高 160 厘米、体重 60 公斤的农夫毫不犹豫地跳进水沟，双手伸到车下，把车子抬高了起来，让另一个跑来援助的人把孩子救了出来。当地医生很快赶来了，给男孩检查了一遍，只有一点皮肉伤，其他毫无损伤。这个时候，农夫开始觉得奇怪了，刚才他去抬车子时根本没有想一下自己是不是抬得动，由于好奇，他就再试一次，结果根本就动不了那辆车子。医生说这是奇迹，他解释说身体机能对紧急状况产生反应时，肾上腺就大量分泌出激素，传到整个身体，产生出额外的能量。这就是他可以提出的唯一解释。要分泌出那么多肾上激素，首先当然得有那么多腺体存在里面；如果里面没有，任何危害都不足以使它分泌出来。一个人通常都存有极大的潜力。这一类事情还证明了另一项更重要的事实，农夫在危急情况下产生了一阵超常的力量，并不光是肉体反应，它还涉及心智和精神的力量。当他看到自己的儿子可能要被压死的时候，他的心智反应是要去救儿子。可以说是精神上的肾上腺引发出潜在的力量。而如果情况需要更大的体力，心智状态就可以产生出更大的力量。

你现在是个平凡人，但你将来也许会是个格外非凡的人。在你未来的道路上，你也许会常常感到精疲力竭，一种是马拉松式的，一种是瞬间突发式的。不论是哪种，于你而言既是一种幸福又是一种考验。幸福的是挖掘你生命内在巨大潜力的机会垂青于你，考验的是你能勇猛无前地抵抗住这一切，还是低沉消极地被这一切压垮。生活中被压垮的永远是多数，所以芸芸众生中，成功者永远是凤毛麟角。

有一句老话说："在命运向你掷来一把刀的时候，你要抓住它的两个地方：刀口或刀柄。"如果你抓住刀口，它会割伤你，甚至让你死；但是如果你抓住刀柄，你就可以用它来杀开一条大道。换句话说，让挑战提高你的战斗精神和人生质量。你没有挑战未来的勇气，没有打碎旧有的你，深挖出具有巨大潜力的新你，没有充足的战斗精神，你就不可能有任何的成就。因此你首先要正视自己，相信自己，尤其在你消沉绝望的时候，你要告诫自己，这种绝望仅仅是黎明前的黑暗而已，你内心充满灿烂的光明，这种内心光明的巨大潜力足以在你心智的引导下冲出体外，将阻挡你的所有障碍击碎。你要永远记住这样一句话才会一步步走向成功，那就是——你生命中有着无穷无尽的潜力。

与父母一起去长途旅行

与父母一同去旅行，这是培养重视家庭及人间亲情的开始。在旅行的过程中，你首先会懂得什么叫爱。

在你情感成长的过程中，爱的观念和容量会经过许多不同的阶段。你从成熟到知道爱的深度时，你在给和取之间，会将痛苦减低到最小，而将快乐扩张到最大。假如你的父母只有你这个孩子时，他们当然会把全部的对孩子的爱都给你；如果你有 5 个姐妹，你们五姐妹得到的仍是你父母爱的全部，而不是五分之一。换句话说，除了在表达的方式或时间上受限制之外，人类爱的能力是没有限制的。明白这个道理之后，你便会以自己的心智加倍爱自己的父母。

越爱，爱的能力也就越强。因为爱能生爱，你在与父母的旅行中，你的爱已和平常不同，而是已经换了角度去爱同样的人，你爱的能力，也会因此而增加。

爱不是静止的，细心体会你在家里的和现在的旅行中对父母的爱，你会发现，爱完全是一种具有功力和成长能力的情感，即使暂时地减弱、增强或改变，也在流动状态中。爱是可以持久的，正如你在家时以某种方式爱着父母，在现时的旅行途中你用另一种方式来爱他们，旅行结束后，你可能又变换另一种方式一样。爱并不是上了发条的时钟，它是时间，也是空间，是整个世界。

爱是你一生中少数几项可以借"给予"而获得的东西。一般而言，你越是不付出爱，你就越得不到爱，你不可能因为想占有，就能保住它，它像空气一样，你是抓不到的。

爱包含宽恕、容忍和谅解，同时也会产生期许和相互的激励。学会对父母的爱，是一个人在成长过程中所必须具有的品性。利用与父母一同旅行去感受和增强对父母的爱，体验到人间亲情的温暖。你的心胸也会变得像"爱"一样宽广起来。

因此，在与父母一同旅行的过程中，你首先要学会情感运用。从你身边最亲近的人爱起，你以后就会懂得如何爱那些你自己想爱和爱你的人，也去爱那些你不想爱和不爱你的人。

为了培养重视家庭和人间亲情，在与父母旅行的过程中，除了学会爱，还要注意改善你同父母的接触方式—旅行是个契机，你要利用它。

1. 观察父母亲的接触情形，研究他们如何四目相对，观察他们的非语言性状态和修饰。注意他们热忱的表情，随时学习父母接触中有利于家庭和亲情的成分。

2. 分析自己的方法，并和父母的有效接触加以比较，在明白他们在做什么，如何说话，如何表达温柔、感谢、亲爱、敬佩、尊敬和兴趣的条件下，评估你在与父母接触时的方法和行为的好坏，改进不足的部分。模仿父母最有用、最自然的方法是进行温暖的亲情交流。

3. 在旅行过程中观察父母不甚和谐和愉悦的地方，尝试思考他们该如何改善不妥的对话和非语言形式。想想看，他们如果发生矛盾，问你该如何改进他们的接触能力时，你会说什么？

4. 从容、慎重地练习那种你觉得还有一点陌生的接触方法，这和打字有些类似，刚开始时，实际练习可能显得有些不自然。但是无论你学习什么事，在它根深蒂固之前都会显得有点不自然。人或许会对改变你的接触技巧而感到不自在，但这并不表明这些新形式缺乏诚意。当这些技巧成为你生活方式的一部分后，你就会在以后的家庭生活和亲情关系中自然而然地表现出来。

5. 在你父母的身上进行实验，因为他们会喜欢新的亲密形式。改变与亲人的接触方式时会发生可笑的事情，但是一笑置之即可带过，你想进步就免不了要冒险，你父母面前是最好的练习场地。

6. 坐而言不如起而行。对自己许下空洞的承诺无济于事，说到做到使身体力行才真正有效。你若知道自己的感觉不合适时，就应该设法去调整它。就像下面例子中的戴娜一样。

戴娜说，每当她丈夫傍晚看电视的时候，她就感到沮丧和焦虑。她说她自己知道这样感觉是完全不合情理的，因为实际上她丈夫工作辛苦，对家庭负责，心思也都放在两个孩子身上。

有天黄昏，她为克制自己的沮丧，回到卧室里，试图追忆这种感觉的原因。她利用学来的一种辅导技巧来清理自己真正的感受，然后她自问："这使我回想起什么？"几分钟过后，幼时对父亲的记忆回到脑中。每当父亲遇到困难的时候，就像得了神经病一样，长时间呆坐在椅子上，两眼空洞无神。戴娜每当此时，立即感到沮丧，然后就是恐慌。虽然她曾经想谈这件事，但母亲说："最好别提这件事。"

戴娜流下泪说："回想过去的事很痛苦。"不过，她很快克服了这种情绪，她再看她丈夫坐在电视机前时，就没有以前那种沮丧的感受了。这种自我调整帮助戴娜赢得了家庭的和谐、愉悦。

与父母一同去旅行，种种经历和感觉会与在家时大不一样。出门在外，一些突发的事情或不同的心境都会改变你的行为方式。从生活细节上对父母的关心、照顾，体谅到意外事件的应付处理能力和施展，都能直接检验你重视家庭的程度，并影响你对人间亲情的重视和牺牲奉献精神的光大，这一点对一个想功成名就的人来说尤其重要。要做成一件事，开拓一种事业，寻求一种成功的人生，首先要把家庭关系处理得和谐、健康、快乐，这样你才能放手去干其他事情，才不会在外患降临时担心内忧，才不至于遇事后"后院起火"。

快乐从家庭开始，在你独立工作和独立生活之外的时间，你几乎都在家里与家人一起。家庭是快乐、安全与相爱的安息处，但这种快乐、安全与相爱不是天生就有的，它需要每个家庭成员的维护和完善，利用与父母一同旅行的机会达到家庭的和谐与快乐，是极为有效的解决家庭问题的方法。

在拿破仑·希尔的一次课上，一个天分很高、又很有进取心的年方24岁的青年被询问："你有问题吗？"

"有！"他回答说，"是我母亲，事实上，我已经决定这个周末就要离开家。"

当这位青年被要求把他的问题提出来讨论时，显而易见的是他与他母亲的关系并不和睦。而且老师很容易看出，他母亲的个性与他进取、好强的性格正好相同。

于是课堂上提到，一个人的性格，可以同磁铁的力量相比拟：

你只是看起来很努力

当两种力量在一条线上相互拖曳时，它们是在互相吸引的。但两种力量相反对时，它们便在互相抗拒了。

又把它们并排放在一起，与同一外来力量遭遇时，人与磁铁一样，仍旧维持着个别的实体。可是它们对外来力量相吸或相斥的力量则加强，尽管它们自身之间是相互反对的。

老师继续说："似乎你的行为与你母亲非常相像，因此你能够利用她对你的反应来决定你如何对待她。你或许能够分析你自己的感觉，评定她的感觉。故而能够很容易就解决你的问题。

"这是你本礼拜的特别作业：与你的母亲出去旅行一次，当你母亲吩咐你做点什么的时候，你要高高兴兴地做。她发表意见的时候，你便以愉快而诚恳的态度对她表示同意，或者什么也不说。你如果很想对她吹毛求疵，那就说点什么好听的。这样，通过旅行你会得到一个最愉快的经验。很可能她也会学你的样儿。"

"那是行不通的！"这位学生回答说，"她太难相处了！"

"你完全自主，，老师回答他说，"那是行不通的，除非——你用积极的心态要让它行得通。"

一个礼拜后，这位青年人又被问及最近的情况如何。他回答说："我可以很高兴地说：整个礼拜，我们之间没有一句不愉快的话。你也许没有兴趣知道我旅行后的变化——我已经决定留在家里了。"

人都有一种倾向，假定别人喜欢他喜欢的东西，并与他有同样想法。上述那位青年，当他不了解母亲时，他和母亲之间的隔阂便无法消除，更谈不上有什么亲情。后来他利用与母亲旅行一星期的机会充分了解母亲并彼此沟通，亲情很快回来了。

同时这种了解是相互的，做父母的也系统了解了儿女的想法。

森下律师和他的妻子有 5 个非常好的子女，可这对父母并不愉快。因为他们的大女儿，已经是高等学校的一年级生，对他们的反应并不符合他们的期望。这女儿呢，她也感觉不愉快。

父亲说："她是一个好女儿，不过我对她不了解。她不喜欢在家里工作，可是会连续几小时弹钢琴。夏天假期，我在百货店里替她找到一个工作，可是她不想工作，她就是要整天弹钢琴！"

母亲则说："她弹钢琴虽然很好，可是一个女孩子夏天假期在家做家务或在商店里工作是有益处的。想做钢琴家的癖好则不过是浪费时间而已。她总有一天得结婚，管理家庭，她应该更实际一点才对。"

其实，这个女孩并非像她父母所想的那样，他们的确不了解她。这个女孩的钢琴弹得极好，她颇有雄心的精力。她的天赋和特质不适合去商店工作或做家事，练钢琴做钢琴家这种梦对她来说是最值得花时间的事情。而她的父母却不了解每个人各有不同之处，因此，要女儿对他们的期望有所服从是困难的。

从上面两个故事你已知道相互了解的重要性。如果你认为对父母还有什么不了解的地方，或他们对你有什么不了解的地方，在家里开不了口，那么就利用你同父母旅行的机会，自然而又认真地做一次相互了解，让亲情在你人生之中更加浓烈起来。

——关心、照顾、体谅、奉献，是培养重视家庭和人间亲情的开始。

千里之行，始于足下。要想培养自己重视家庭和人间亲情的良好愿望，并非陪母亲做一次旅行就能达到的，外出旅行是一种形式、一个契机，真正想收到良好的效果，还要看你的具体做法。尊重、孝敬父母不仅仅是为你培养自己某方面素质，更重要的是你应意识到这是你的本分，这是开创你成功事业和美好人生最基础的条件。中国的古书曾有过这样的话："老吾老以及人之老，幼吾幼以及人之幼。"大概是说尊老爱幼是人的美德，也是人必须遵从的道德，不这样做，你就会众叛亲离。这个道理是千古证明的真理。

在日常家庭生活中也好，同父母一同旅行时也好，面对父母，你心中永远要有这几个字："关心、照顾、体谅、奉献。"你行为上要永远按这些字去做。将来有一天你老了，你的后辈也会像你对待自己父母一样对待你。甚至于你的朋友和你的合作者也会对你投以亲情。

你该轻松愉快又自豪地面对父母、面对自己，同时也以这种心绪来面对后辈。到那时，你才真正懂得家庭和谐的意义，你才真正体会到人间亲情的温暖。是的，你已经得到你想要的东西了——愿你睡个好觉。

做个生活中的"叛逆者"

很多伟大的成功者身上都有一种叛逆精神，他们会推倒前进中的一切障碍，包括他们的父母亲。你如果想做一个成功者，就要做一个生活目标的求新者。你的人生不属于你的父母，你的人生只属于你自己，你要依靠自己的精神和行动去创造一个自己的崭新人生。

有一个牧师儿子的小故事也许会对你有所启发：

在一个星期六的早晨，牧师在准备着他的布道稿，他的妻子出去买布丁了。那时天在下雨，小儿子吵闹不休，令人讨厌。牧师在失望中拾起一本旧杂志，一页一页地翻阅，直到翻出一幅色彩鲜艳的大图画——一幅世界地图。他从杂志上撕下那一页，再把它撕成碎片，丢在起坐间的地上，说道："小约翰，如果你能拼起这些碎片，我就给你2元5角钱。"

牧师以为这件事会使小约翰花费上午的大部分时间，但是没过5分钟，就有人敲他的房门。是他的儿子。牧师惊愕地看到那些碎片捧在小约翰手中。

牧师生气地问道："小约翰，你为什么不去拼拢这些碎片？"

小约翰说："我为什么要拼拢这些碎片？"

牧师说："是我让你这么做的，我是你父亲。"

约翰说："我觉得拼拢这些碎片是浪费时间，我有自己的世界，我要唱歌，而且我相信这个想法是正确的。"

牧师听完儿子的话后，眼睛一亮，说："你替我准备好了明天的布道，你的确有你自己的世界，而且你是正确的，我不应该把大人的想法强加给你，你去唱歌吧，孩子。"

如果小约翰照他父亲的话去做，小心翼翼地去拼拢那些碎纸片，那他要拼一上午。但小约翰没那么做，他觉得他有自己的世界，他应该去唱歌，他相信这个想法是正确的。结果他违背了父亲的意愿，他如愿以偿地唱了一上午歌。如果认为自己是正确的，并且想按照自己所选择的路走下去，那你就义无反顾地走下去，这样你才会拥有属于你的人生。

你是否想过要有属于自己的人生？你既不是你父母，也不是你朋友，更不是你同事；你是你，永远是你。遗传进化学家菲尔德说："在整个世界史中，没有任何别的人会跟你一模一样。在将要到来的全部无限的时间中，也绝不会有像你一样的另一个人。"

你是个独特的人，有着不属于任何人的自我世界。想想吧，数以亿计的精子细胞参加了激烈的战斗，只有一个赢得了胜利——是构成你的那一个！这是为了达到一个目标而进行的一次大规模赛跑，这个为精虫所争夺的目标比针尖还要小，而每个精虫也小得要被放大到几千倍才能为肉眼所见。然而，生命的闪电，一个特殊的精虫——最快、最健康的优胜者，它扫除了所有障碍——同期待着的卵子结合起来，就形成了一个微小的活细胞。

最独特的你的生命已开始，你已经成了一名冠军，这种情况你以后还要面临，你已从巨大的积蓄中继承了你所需要的一切潜在的力量和能力，以便达到你的目的。你生来便是一名冠军，现在无论有什么障碍拦在你的道路上，你都要打碎它，因为你未来的人生需要这样。

大多数父母亲都希望他们的孩子能够按照他们的意愿生活，因为他们已是人生走过之人，他们已懂得了人生里的事情，哪些是好，哪些是坏。他们要使他们的爱、他们的孩子朝好的方向去走，避开那些坏的事情。这种想法是好的，但拥有这种想法的父母恰恰不懂得，对他们而言是好的事情，对他们的孩子也许是坏的；对他们而言是不好的事情，对他们的孩子而言也许是好的。这也许是他们不愿承认的，但这恰恰是生活的真实。

闻名于世的日本企业家井户口从 28 岁时白手起家，到 40 岁时已拥有资产 15 亿美元，从一名打工仔到一名亿万富翁，井户口常感慨地说：我的"成功"两个字就能概括，那就是要有"叛逆"精神。

　　井户口出生于日本静冈县磐田郡山坳中一个贫寒的家庭里。父亲是位雇工，靠为人采伐木材挣得的微薄收入，勉强支撑着一家的生计。因为是日雇工，遇到天阴下雨，父亲就等于失业，只能待在家里无事可做，当然也就没有收入。被迫无奈，母亲也只好出去做工。修筑道路时总会有些零碎的土木作业要人做，母亲便去做这样的操作工，搬搬土块、石块，打扫打扫卫生，收入是非常低的。井户口的父母希望井户口将来能有一份安稳的工作，挣一定的工资贴补家用已经是奢侈的梦想了。少年的井户口看惯了家中贫穷的境况，在内心深处立下了将来要发财致富的愿望，他没有按照母亲的意愿打工挣钱，而是在家里负担不起学费的前提下坚持上学。他觉得，将来如果要挣钱，就一定要有知识，母亲怪他不懂事，可少年井户口仍旧坚持己见。他从父母亲那勤勤恳恳、吃苦耐劳的态度，任劳任怨、脚踏实地的背影，明白了许多道理：做人就得踏实，奋力拼搏！

　　生在有钱人家固然好，成长在贫穷的家里也有自家的优越之处，只要生活得真实，什么样的生活都有价值。井户口也看出了造成父母亲贫穷一生的原因，母亲只懂得任劳任怨地生活，而不懂得反叛生活，打碎现有生活的一切。井户口觉得母亲身上的悲剧不应在他身上重演。

　　井户口从少年时期所遭遇的社会对有钱人夸张般的礼遇中，发现了自己的差距，从而产生了对金钱的纯粹的执着心，也正

你只是看起来很努力

是这种执着化为了坚强的信念、奋进的动力，使他一天天地走向了成功。

到了中学时代，井户口的美梦越发多了，也越发绚丽多彩了。不过，他最大的梦想，还是闯进都市，一显身手，在那里开花、结果。

然而，并不是所有的美梦都能成真，井户口不少朋友在城里就业，他们起初的时候雄心勃勃，可是，不久便不是那样了。他们渐渐地放松了自己，整日沉湎于好耍玩乐，无所事事之中。面对这种现象，井户口暗暗提醒自己："决不能像他们那样，一定要争气，要在城里大显身手，成为一个真正的有钱人！"到了昭和四十年，也就是公元1966年，他初中毕业了，为了实现成为大富翁的梦想，他便早早地离开学校而投身到社会这所大学里去了。他决定去静冈县内一个比较大的城市滨松市工作。这一次，他与母亲发生了激烈的争执。母亲不希望他离家工作，在本地找一份工作能够维持生计就行了；井户口坚持走自己的路，毅然离开家，选了滨松市一家汽车配件厂，当上了操作工。在那里，他穿着连裤工作装，整天在沾满油污的车间里摸爬滚打，一待就是9年整！这家厂是个小厂，雇员非常少，所以作为一个从乡下来的"外人"，显然要被另眼相待。

不论井户口多么拼命地工作，提级晋升的机会仍旧是微乎其微。所以，这儿根本不是一展身手、开花结果的地方。他将心中的不满告诉了父母。父母老实惯了，他们认为既然当初选中了这个地方，就不应该有所不满，更不要这山望着那山高。被他们说得没办法，他只好硬撑着，这样一撑就度过了9年。后来他还是觉悟了：父母的活法于我现有的人生是不合适的。

于是井户口再次不顾父母的反对，毅然辞职。母亲听到井户口辞职的消息后大惊失色，觉得自己儿子的前途整个葬送了。井户口后来回忆当初这个选择时说："如果我按照父母的意愿在那个小厂坚持干下去，我一辈子将毫无出息，我将受一辈子穷，我在那个小厂挣的所有钱，包括下班后的外快，总共只有100万日元，少得可怜。"井户口选择了自己的人生道路，正是由于这一选择，井户口才由一个白手起家的穷人家孩子变成了世界上的亿万富翁。

你从井户口的成功中是否获得了新的启发呢？如果你也想做一名井户口那样的成功人士，那你现在就要看看自己是不是走上了独立的自我人生，拥有了"叛逆"精神，这是一件人生法宝。

清除内心垃圾，保持内心清爽

快乐是人人都希望得到的，可惜的是快乐却往往难以得到，人们得到更多的则是痛苦和惆怅。

应该怎样去寻找、吸取、保持永远充满希望的快乐呢？

1. 保持信念

信念永远是美好的，对信念的体味和憧憬是保持快乐心境的一个极为重要的手段。永远以微笑的面貌出现在人们面前，精神爽朗、面色微红，坚信自己每时每刻所做的事情都是实践信念的过程。

生活中很多人没有找到快乐的法则，究其原因是他对自己没有充足的信心，总是将现实社会的情况做悲观的结论。快乐的事，到了这些人脑子里就显得不可理喻，甚至是痛苦的根源。

一个人对自己没有信心，他不可能找到真正的持久的快乐。

2. 掌握知识

知识带给人的不单单是一些定理、定义、说明、解释，它还带给人一种宁静致远的心境。日常的经验告诉我们，如果我对一件事情的来龙去脉都很清楚，对它的进程有充分的把握，就不会为某些地方而痛苦。比如一个人患了感冒，虽然身体不适，但他知道这种小病很快就会恢复，只要多喝开水，按时吃药就行，不会给他带来精神上的压力。

知识带给人的另一种快乐是创造的快乐。掌握了相关的知识，发挥自己的聪明才智，人就能创造出从未有过的东西来，这种创造的快乐属于极乐的一种。抱着新生儿的父母永远是喜笑颜开的，孩子就是他们的造物。孩子画了一幅很幼稚的画，也会跑来向母亲表功，因为他体会到了创造的快乐。

3. 理解别人和被别人理解

个体生命是孤独的，孤独是存在和与众不同的标志，没有孤独，就没有生命的存在。虽然如此，个体生命对这种孤独依然保持着与生俱来的恐惧，他希望与众不同的东西少一点，孤独少一点，多一点与大家的融合亲近，生命的这种矛盾状态造成了许多悲剧。

理解别人和被别人理解就其本质而言是同一回事，它是两个生命体寻求亲近、融合，以求摆脱孤独状态的一种努力，甘愿保持一个黑衣人神秘形象的个体生命几乎是没有的。人人都愿意将自己的本来面目昭示在阳光下，理解人就是这种昭示最重要的一方面。

一旦这种昭示——理解成功，个体生命会沉浸在巨大的欢乐之中。中国古代圣贤有"士为知己者死"的传统，荆轲刺秦王的故事就是这种精神的典范。多少年来，人类为了求知己付出了可歌可泣的努力，但最终人们发现，完全的理解（无论是理解别人还是被别人理解）都是不可能的。虽然如此，人类仍把它作为一个梦想时时实践更新，乐此不疲。

上述的人生快乐可以举出很多，问题的关键是"当命运给我们一个柠檬的时候，我们如何做出一杯柠檬水来"詹姆斯·艾伦说："一个人会发现当他转身面对一个事物和其他人的看法时，事物和其他的人对他来说就会发生改变要是一个把他的思想望见光明，他就会很吃惊地发现他的生活受到很大影响……"

这段话告诉我们，寻求变化是获得快乐的一个重要法则，这种变化仅仅是一个心理，面临同样的现实，善变者比钻牛角尖的人更容易得到快乐。

"只为今天"是赢得快乐的另一个重要手段。当我们对一个较长过程的前景发生疑问时，你不妨把这个过程按每天的长度切开，每天所做的只为今天的快乐，与长远的概念不相干。"只为今天"的概念一旦形成，事情的变化同样很令人吃惊。

只为今天，你可以调整自己去适应今天的现实，以这种坦荡的心情去接受你的家庭、事业和所有的一切。

只为今天，你可以订下一个计划，定出今天要做的事情，这样你就可以避免两种缺点：过分仓促和犹豫不决。

只为今天，你可以做 3 件事来锻炼自己的灵魂：为每人做一件好事，尽可能不要让别人知道，同时做两件你并不想做的事，就如心理学家建议的那样，只为了锻炼自己。

快乐原则的第三个准则是不要因寻求报复而失去快乐。

当我们因恨自己的仇人而失去快乐的时候，就等于给了仇人以制胜的力量。那力量能妨碍我们的睡眠、我们的胃口、我们的血压、我们的健康和我们的快乐。要是我们的仇人知道他们如何令我们担心、苦恼，因一心想报复而失去快乐的话，他们一定会高兴得跳起舞来。我们心中的恨意完全不能伤害到他们，却使自己的生活像在地狱一般。

我们要爱我们自己，我们要使我们的仇人不能挖掘我们的快乐、我们的健康和我们的外表。

寻找快乐的第四个准则听起来有点故弄玄虚，然而它的的确确是极其需要的，这就是"清理我们内心的垃圾"。

大家都有过这样的经历，当事情进展不顺利的时候，我们常常把碰到的麻烦推到别人身上，从来不想一下自己错在哪儿。这种心理的出发点是，"我"一切都是正确的，"我"的计划是完美的，只是由于外界的因素才没有成功。这个荒谬的出发点不要说别人，就连我们自己的理智都不能宽恕它越来越严重，而这种恶性循环又将导致下一次行动的继续失败。

需要我们做的是，在一件事情失败之后，能够静下心来，想一想究竟为什么没有成功，到底错在哪儿，是别人的因素还是自己的因素，自己到底做了哪些傻事。如果我们能够通过分析达到对自己所做的傻事付之一笑，我们内心的积怨就会少多了，对此，我们称之为"清除内心的垃圾"。保持我们内心的清爽，保持清醒的理智，是我们取得快乐的重要基础。

1944 年 7 月 31 日，一个名叫霍化的人在纽约逝世，他的死震惊了民主党派和整个华尔街，因为他是当时美国财界的领袖，美国商业银行和信托投资公司的董事长。霍化在谈到自己的工作方法时说过：

"多年来，我一直在一本记事簿上记下当时所有的约会，而我的秘书和家人从来不在星期天为我安排活动，因为他们知道，星期天我要花一部分时间来做自我反省，重新回顾和探讨我这一周的工作。在吃过晚饭之后，我就一个人坐在房里，打开记事簿，回顾从星期一早晨至今所有的会谈、讨论和会议。我问自己这一星期我犯了什么样的错误，哪些事情我做得对——怎样才能改进我的做法，我能从哪个经验里学到些什么。有时候我会发现这种每周一次的探讨使我自己很不快乐，有时候我为自己所犯的错误感到震惊。当然，随着时间一年年的过去，重犯某些错误的机会就渐渐减少了。这种方法延续了一年又一年，我从中受益匪浅。"

霍化的这种想法大概是从富兰克林那里借来的，只是富兰克林不会等到礼拜天的晚上。他每天晚上都要把一天的情形重新回想一遍。一次他发现自己有 13 个很严重的错误，是富兰克林发现除非他能够减少这一类错误，否则就不可能有什么大成就。所以他第一个星期选出一项缺点来搏击，然后把每一天的输赢做好记录；在下个星期，他另外挑出一个坏习惯，准备齐全，再接下去做另一场战斗。富兰克林每个礼拜改掉一个坏习惯的战斗持续了两年多，难怪他成为美国有史以来最受人敬爱也最具影响力的人。

艾尔伯特·赫伯德说："每个人每一天至少有 5 分钟是一

个很蠢的大笨蛋。所谓智慧，就是一个人如何不超过这5分钟的限制。"

现在，我们简单回顾一下本篇的要点。

快乐法则的三个基本点：

保持信念；

掌握知识；

理解别人和被别人理解。

快乐法则的几个具体方法：

保持"改变"的习惯；

"只为今天"的准备；

不要寻求报复；

清理内心的垃圾。

快乐是无边无际的，快乐的法则也是无穷尽的，它有待于你去创造。

培养设身处地为别人着想的能力

离开自己"本身"，去扮演一个与自己完全不同的人，这不是离经叛道的事情，相反，是生活中常有的事情。

在美国和德国，都有记者为了要写出真实的故事，自己假扮成下层劳动者，与他们生活在一起，最终完成了震撼世界的作品。

生活中，类似的扮演也是经常遇到的。去医院看病人，不管你内心多痛苦，面对毫无希望的病人，你还是要扮演乐天派的角色，高高兴兴地与病人谈话。如果你的职业是私家侦探，为了职业的需要，你会扮演更多的人，从艺术家到清洁工人都有可能。

去年春天，一个日本人到中国旅行，在一个乡村戏台上看到一副对联，由于日语中也有汉字的缘故，他大约能看懂这副对联的意思。经证实，这副对联的意思是这样的：戏台小世界，人生大舞台。

这个日本人深深被悠久文化的宏大力量征服了。

进入到现代社会，西方文化对全世界的影响是显而易见的，包括人生哲学。我们现在习惯把人看成是灵肉一体的东西，所有关于灵魂的探索最终都要由肉体来实践，都要在日常生活中得到体现，因此才有了那么多探索灵魂的理论和书籍。

东方文化不是这样。在东方人的思想里，灵与肉是可以分开的，人在生活中扮演一个与他身份不相同的角色是很正常的现象。在东方人的哲学里，生活本身带有很大的游戏成分，这一点显示了东方人在生命哲学方面的智慧。

对待严酷的社会现实，西方人是将自己定义成一个半人半神的形象，"痛苦不可能压倒我"。而东方人的想法则很简单，"人生再难，我也要寻求欢乐"

正是基于东方文化的传统，你可以设计这个命题：试着去扮演一下别人。

当你试着去扮演一个与你"本身"不相同的人物时，完全可以把"了解社会、理解人生"这样的大题目放在一边，可以给自己下一个很平凡的定义，"我就是想看看别人怎样对待我扮演的这种人"。但事情并不总朝着我们愿望的方向发展。严肃的定义也好，游戏的轻松也好，现实生活总要把它严酷的一面刻在你的脸上。了解这种严酷，是我们的目的。

日本演员太一郎在国外虽然没有什么名声，在日本国内却享有"千变人"的称号，他扮演的角色，多是些跑龙套的角色，是为烘托主角而设计的。虽然如此，只要有太一郎参与，这些角色就一定能成为整部电影的闪光点之一。太一郎在谈到扮演众多角色的心得时说：

"每接到一个新角色，我都很兴奋，因为这个角色给了我又一次机会。人生可以让你牢牢抓在手里的机会不多，抓住了就要好好地干，这是我从自己所扮演的各种角色中体会到的。我扮演的那些人，大都境遇不好，生活艰难，为了演出的需要，我与他们做过多次长时间的谈话。他们当中有些人没有向命运屈服，仍在努力开创新的生活；有的却未老先衰，丧失了继续努力的勇气。他们常常埋怨别人有着许多的机会，而自己一次也没遇到过，'这辈子看来也就是这个样子了……'扮演他们的时候，我不是用演技在演，而是用'心'在演，有一种说不出来的辛酸感受一直盘绕在我心里。我自己就是经过千辛万苦才有今天的成绩，因此我特别同情那些知耻而后勇的人，愿意帮助他们。"

太一郎的话给我们很大启发，他的职业对我们来说是一种巧合，因为他恰恰把"本身"和"扮演"两个极端极巧妙地联系在一起。我们设计这一"扮演"计划，就是想让年轻人能像太一郎那样，在工作中加深对社会的了解。我们"扮演"的目的，不是简单地从道德方面培养年轻人的同情心（虽然这种培养也是非常必要的），而是想通过"扮演"这种形式，让年轻人知道自己的位置，珍惜自己的生活方式，珍惜自己对生命的热爱。著名剧作家新藤兼人说过，扮演角色是一件非常幸福的事情，通过扮演，你生命的全部潜能发挥出来，可以创造出许多令人难忘的瞬间。不做演员，你永远体会不到这一点。譬如你扮演拿破仑，拿破仑那种颐指气使的态度、那种金戈铁马的进军，你不去扮演就根本体会不到这种神采，在实际生活中可能终生都不会有这样的机会。如果你扮演了一个大公司的经理，给自己一个扬眉吐气的尝试，长期以来积存在心里的郁闷一扫而光，愉快的心境有可能帮助你办成一件大事。虽然这只是一瞬间的事情，但你已经无法从这种感受中自拔了，你或者奋发努力，真正拥有那种美好的东西，或者更加灰心，一生都不得安宁。这便是扮演会给你带来的东西。

在"扮演"的过程中，你还会学到不少生活中真正可以称得上是智慧的东西。譬如你准备扮演一个饭店里送外卖的伙计，在饭店送外卖，第一条要求就是要能跑路，如果你的体质不好，或者你对周围的街道不熟悉，显然不能完成任务。当伙计寄人篱下，免不了要受老板的训斥，这对你的自尊心是一个极大的考验，老板训斥人是不能回嘴的。如果你受不了委屈，显然没有做错事情却招来了老板的臭骂，你能保证自己心平气和吗？将来你正式加入某一家公司时，可能会遇到类似的甚至比这更严峻的场面，那时你怎样来应对？现在就可以试着练习。

扮演有这样几种功能：了解、体验、游戏、自我训练、自我激励。

你在扮演角色时需要注意的几个问题是：

1. 接受你所扮演的角色

这个道理很明显，你不能从心里接受这个角色，就不可能扮演好。

不过也不这么简单。接受所扮演的角色，不能被动地接受，应该在理解的基础上接受。要理解你以前并不了解的人，不是件容易的事。

接受本身意味着宽容，不管别人怎么看待你所扮演的角色，即便是十恶不赦的坏蛋，你也要为他找出一点还存有丝毫人性的地方，在此处宽容他。

2. 接受别人对你的误解

误解是人生中常有的事情。不能心平气和地对待别人的误解，总要急着去辩白的人，不会成就伟大的事业。应该说，当你还年轻的时候，就需要面对这种自己找来的误解，的确是一种不小的考验。

3. 体会别人的思想方法、工作方法，看看对你自己有什么启发的意义

站在自己的角色立场上去观察体会别人的各种特点，总免不了隔靴搔痒。只有你将自己完全放到别人的生活轨迹上时，真实的体验才会到来。这种体验在研究者看来是非常重要的，很多医生就是先在自己身上试验治病的方法和药品，然后才在实际中应用的。

4. 看看你能不能比"原型"表演得更好

这主要是检验你的两种能力，一是你的"扮演"能力，二是你对"角色"理解的能力。也许还有另外一种言外之意：看看你对"扮演"这件事本身的理解。

我们常说，设身处地为别人想一想。这种扮演角色的训练，

就是要提高你的"设身处地为别人着想"的能力。能够突破心理上障碍和工作方法的惯性，充分了解敌人、对手、周围人的情况，学会从他们的角度思考一下事件的进程。你拥有了这种能力，就可以"知彼知己，百战百胜"。